数字化供电所员工培训教材

国网黑龙江省电力有限公司　编

中国电力出版社
CHINA ELECTRIC POWER PRESS

内容提要

为全面提高基层供电所人员的业务承载力和技能水平，促进供电所服务能力和管理水平的持续提升，国网黑龙江省电力有限公司组织编写《数字化供电所员工培训教材》，以满足电力行业人才培养和教育培训的实际需求。

本书除绪论外，分为五章，包括数字化供电所建设、数字化供电所高频应用场景、供电所管理人员应用指导、供电所内勤人员应用指导、供电所外勤人员应用指导。

本书可供数字化供电所平台相关技能人员、管理人员学习，也可供相关专业高校师生参考学习。

图书在版编目（CIP）数据

数字化供电所员工培训教材 / 国网黑龙江省电力有限公司编 . —北京：中国电力出版社，2024.6
（2025.6 重印）

ISBN 978-7-5198-8787-2

Ⅰ .①数… Ⅱ .①国… Ⅲ .①数字技术－应用－供电－技术培训－教材 Ⅳ .① TM7

中国国家版本馆 CIP 数据核字（2024）第 070010 号

出版发行：中国电力出版社
地　　址：北京市东城区北京站西街 19 号（邮政编码 100005）
网　　址：http://www.cepp.sgcc.com.cn
责任编辑：薛　红
责任校对：黄　蓓　马　宁
装帧设计：赵丽媛
责任印制：石　雷

印　　刷：北京天泽润科贸有限公司
版　　次：2024 年 6 月第一版
印　　次：2025 年 6 月北京第二次印刷
开　　本：787 毫米 ×1092 毫米　16 开本
印　　张：17.75
字　　数：292 千字
定　　价：106.00 元

本书编委会

主　　任　乔　君　张永强

副主任　王　芳　王剑波　陈孟杨　高　朋

成　　员　刘照野　郑　皓　丁利锋　彭　洋　李　勇

　　　　　毕宏达　崔永乐　于水红　邱克勤　李　乔

　　　　　王春雷　张　超　丁继锋

本书编写组

主　　编　田　峰　范文涛

副主编　李子凯　邓亚亮　胡永朋　王晓燕

编写人员　倪　峰　王　烨　王　君　张鹏飞　代丽慧

　　　　　秦晓培　张振乾　周　卓　时本禹　王春宝

　　　　　姚懿芯　宋兆凯　崔云舒　田　瑞　尚英超

　　　　　沙春雨　西庆红　马圣杰　马超群　罗治佳

　　　　　高宇星　徐智莹　戈玉山　胡　雪　马　超

　　　　　王晓东　孟祥坤　曹　聪　李雪菲　赵宪国

近年来，国家电网有限公司先后印发《国网营销部关于印发数字化供电所试点建设工作方案的通知》（营销综〔2021〕58 号）和《国网营销部关于印发供电所现场作业高频业务场景建设方案的通知》（营销营业〔2022〕43 号），全力推动数字化供电所建设，号召各单位依据自身条件及情况，加快融合其他专业的数据及业务，推进其他智能化应用在供电所的落地，推广智能装备设施在供电所的应用，促进供电所数字化转型。同时，落实数字化转型升级和基层减负工作要求，聚焦"数字赋能、基层减负、提质增效"，通过对供电所现场作业高频业务场景进行重构，持续提高供电所现场服务水平。逐步通过台区经理个人手机和背夹实现现场高频业务"一次办、一键办、一网办、一站办"，提升现场作业的线上化、自动化、智能化水平，全面支撑供电所服务能力和管理水平提升。

根据国家服务乡村振兴战略的总体要求，国网黑龙江省电力有限公司坚持"一业为主、四翼齐飞、全要素发力"的总体布局，不断探索供电服务数字化转型的发展道路，以便充分发挥数字化供电所管理平台、风险闭环管控场景和移动作业应用的价值，进一步提升供电所的服务能力，在汇集并整理数字化供电所管理平台、供电所风险闭环管控监测预警应用、供电所高频移动业务应用等培训材料的基础上，进行数字化供电所管理平台培训教材开发工作。

全书包含绪论、数字化供电所建设、数字化供电所高频应用场景、供电所管理人员应用指导、供电所内勤人员应用指导、供电所外勤人员应用指导六个部分，聚焦供电所数字化转型建设工作，统筹规划、统一设计，通过数字化转型，利用信息化手段，解决长期困扰供电所的"一人多终端、系统频繁切换、工单多次录入、现场业务无法一次办结、基层人员缺少技术支撑"等问题，支撑网格化工作体系高效运转，提高电力精准服务、便捷服务、智能服务水平。

本书编写工作启动以后，编写组在黑龙江省数字化供电所应用平台现有资料的基础上，又进行了多方调研，不断提炼与总结，深入各供电所数字化管理变革、企业转型的一线，以期满足本书日益多元化、个性化、互动化的服务需求。由于时间仓促、技术革新等原因，书中内容可能与具体工作实践存在一定偏差，欢迎广大读者积极关注并给予一定意见，帮助本书内容不断修正补充。

编　者

2024 年 3 月

CONTENTS
目 录

绪 论

INTRODUCTION

0.1 ———————————————————————————— **背景**

　　深入学习领会党的二十大精神，大力推动数字经济和实体经济深度融合，贯彻落实国家电网有限公司关于响应国家碳达峰碳中和的决策部署，围绕国家电网有限公司"一业为主、四翼齐飞、全要素发力"的总体布局及数字化转型纲要，落实服务乡村振兴战略总体要求，全面开展实施供电所数字化转型工作，将数字技术、数据要素和互联网理念深度融入基层生产和业务活动，解决长期困扰供电所的"系统频繁切换、工单多次录入、现场业务无法一次办结、基层人员缺少技术支撑"等突出问题，促进数字赋能、基层减负，进一步升级和释放客户服务潜力，提高供电精准服务、便捷服务、智能服务水平，满足客户日益多元化、个性化、互动化的服务需求。

0.1.1　形势分析

1. 发展要求外部形势

　　（1）数字经济发展要求供电所提高发展质量。我国高度重视数字经济发展，党的二十大报告提出，加快发展数字经济，促进数字经济和实体经济深度融合，打造具有国际竞争力的数字产业集群。数字经济发展速度之快、辐射范围之广、影响程度之深前所未有，正在成为重组全球要素资源、重塑全球经济结构、改变全球竞争格局的关键力量。数字经济是以数字化的知识和信息作为关键生产要素，以数字技术为核心驱动，不断提高数字化、网络化、智能化水平，加速重构经济发展与治理模式的新型经济形态，是高质量发展的新引擎。经济发展的新常态要求供电所转变工作思路，提高基层班组工作效率，为客户提供本地化、多样化、差异化的服务体验，实现供电所高质量发展。

　　（2）乡村振兴战略要求供电所提升服务水平。党的十九届五中全会审议通过的《中共中央关于制定国民经济和社会发展第十四个五年规划和二〇三五年远景目标的建议》，对新发展阶段优先发展农业农村、全面推进乡村振兴作出总体部署，为做好当前和今后一个时期"三农"工作指明了方向。其中，数字乡村是提振乡村发展的重要突破口，是乡村振兴的战略方向。乡镇供电所作为国家电网有限公司经营服务的最小单元，肩负着落实国家乡村振兴战略、践行国家电网有限公司企业社会责任的重任，需要通过数字化转型加速农业农村的现代化水平提升，着力解决农村电网"卡脖子""低电压"、安全隐患多等薄弱环节，不断提升供电水平，缩小城乡用电差距。

（3）清洁能源战略要求供电所增强业务能力。基于"双碳"目标和绿色清洁发展理念，分布式电源等新能源建设呈现明显提速的现象，电网侧逐渐呈现能源接入随机性、间歇性、波动性的特性。同时随着消费升级，用户需求呈现多样化趋势，要求能源供应商提供数字化、个性化、便捷化、开放化的服务。为应对能源结构变革对传统生产模式带来的冲击，加强新能源接入能力，提升设备友好性和供电可靠性，创新多元主体合作模式是电力企业在新形势下谋求发展的关键实践。

（4）新技术迅猛发展要求供电所加速技术演进。以"大云物移智链"为代表的新一轮技术革命，使创新成为引领企业发展的第一动力。大数据与云计算技术使得广泛的数据收集及精准的数据分析成为可能，从而助力供电所实现客户画像、员工画像与精准营销；物联网技术实现远程监测设备、在线评估设备状态和风险，支持供电所更实时、更多元地获取客户用能信息，并进行实时分析反馈；移动互联技术为移动作业终端赋能，提升现场作业效率。

2. 发展要求内部形势

（1）新战略要求供电所创新业务运营模式。2021年第二季度工作会上，国家电网有限公司明确建设"具有中国特色国际领先的能源互联网企业"的战略目标，提出"一业为主、四翼齐飞、全要素发力"总体布局。"能源互联网企业"是方向，代表电网发展的更高阶段，要求围绕资源增值复用、业务创新赋能、数据共享应用、平台建设运营等方面，积极培育、布局与开拓新业务、新业态、新模式，需要探索筹划新业务的运营模式，驱动产业链、生态链协同发展。

（2）数字化转型要求供电所升级系统架构。国家电网有限公司"十四五"数字化转型发展要求建设"平台＋数据＋生态"的良性循环发展模式，供电所业务承载系统多采用数据、服务和应用紧耦合的单体应用架构，与公司云平台、数据中台、电网资源业务中台、物联管理平台等数字化基础平台尚未有效融合，存在基层应用需求响应慢、功能整合和快速迭代难度高、数据互联共享能力弱、用户体验有待提升等问题，难以支撑应用灵活扩展、快速迭代，亟须搭建基于微服务、微应用的分布式架构。

（3）专项调研督察要求供电所完善机制建设。为落实国家电网有限公司加强乡镇供电所和农电队伍建设，补齐乡村供电服务短板，全面助力乡村振兴的决策部署，深入了解农村供电服务新变化，揭示存在的突出问题，组织开展了乡镇供电所建设提升专项调研督察，归纳总结五大突出问题，强力推进供电所完善机制建设，切实提升供电所综合管理水平，实现基层减负。

0.1.2　问题分析

1. 农电工作队伍年龄结构与业务承载能力不匹配

农电工作队伍普遍存在平均年龄偏大，年轻化、有学历的员工占比不高的情况，队伍现状与数字化、新业务推广之间的矛盾继续凸显，"一专多能"很难实现。这支队伍承担现场操作及具体明确的基础性工作没有问题，但需要在数字化方面提供更多更加直接的支援，尽量降低系统应用难度。

2. 供电所管理缺乏统筹协调，工作多头布置、任务繁杂

乡镇供电所业务涉及多个专业，被作为"班组"管理，上面多条线、下面一根针，并无自主决策和管理权，需要"一对多"沟通请示专业意见。在业务开展、经费保障、人员培养等方面亟须建立体系化的综合协调机制。日常业务接受多专业指挥，工作事项杂、指标管控任务重、跨专业协调难度大，各类手写纸质资料需留档备查，容易造成管理目的不清晰、不接地气，员工精力分散、疲于应付。

3. 应用多系统、数据多源头问题仍存在

供电所员工被多个系统"绑定"，供电所处于公司管理体系的最末端，专业化的垂直管理使得各个专业的基础数据都自成一体，向下延伸在内勤产生多种业务系统。应用系统繁多且多基于传统的单体应用架构，内部功能耦合，造成系统灵活性不够、柔性扩展能力差、需求响应不及时、迭代周期长等问题。基层管理人员需要同时登录多个系统才能总览各专业业务概况，业务信息查看不直观、操作不便捷。同时工单存在部分数据重复提交情况，严重影响供电所员工的工作效率。

4. 农村电网供电瓶颈制约农村配电网整体供电能力

一方面，"十三五"期间，新一轮农网改造、"井井通电"等工程主要侧重于建档立卡贫困村、机井通电等政策性投资改造，非贫困村镇电网的投资改造相对薄弱。另一方面，通过政策性投资改造，0.4kV 线路改造力度大，但 10kV 线路改造力度不够，存在线径细、供电半径长，恶劣天气电网抗压能力不足等问题，遇到高峰负荷、恶劣天气时，供电所抢修任务繁重。

5. 统一集中供电服务难以满足多样化服务需求

农村地区电网特点和风土人情差异较大，仅靠 95598 集中服务模式存在一定局限。95598 坐席员在"千里之外"，要做到真正"听懂明白"并且客观准确地界定工单性质和内容有一定难度。此外，仅通过语音交流，用户对公司抢修工作的进展没有"画面感"，很难打消"停电焦虑"，需要通过"微信群"等手段打通客户服务微循环。

6. 供电所人财物基础管理需加强数字化服务力度

在人财物的管理方面，供电所因其综合型、末端班组机构的特点，不同于专业性较强的班组，既需要强化专业、规范，也需要适度灵活、高效。在人财物管理的末端环节，还需要延伸、丰富数字化管理的手段，需要提供数字化服务的资源支持。

0.2 思路

围绕"数据赋能、基层减负、提质增效"，以公司设备、营销等专业现有信息化建设成果为依托，聚焦夯实数字化基础、提升数字化支撑能力两条主线，优化业务流程、融合数据资源、整合系统应用，开展以"业务自动化、作业移动化、服务互动化、资产可视化、管理智能化和装备数字化"为特征的全能型数字化供电所建设工作，打造服务"公司战略落地、新型电力系统建设"的示范战略单元和"服务电力客户、助力乡村振兴"的示范落地样板，形成"应用全面、数字领先、兼顾差异"的可复制、可推广模式，全面支撑供电所服务能力和管理水平的提升。

统筹乡镇供电所管理提升工作安排，贯彻公司"三融三化"工作要求，落实数字赋能基层减负工作部署，坚持问题导向、需求导向，立足全网赋能、跨融结合、作业变革，以夯实数字化基础、提升数字化支撑能力为两条主线，加强账号、平台、工单、终端、工具等基础建设，以管理、内勤、外勤为服务对象，聚焦供电所指标管理难、重复工作多、冗余操作多、线下流转多等问题，开展供电所高频业务场景的数字化建设应用，激活供电所数字引擎动力，实现供电所业务自动化、作业移动化、服务互动化、资产可视化、管理智能化和装备数字化"六化"目标，全面支撑供电所作业能力和管理水平的提升。

0.3 原则

1. 坚持顶层设计与因地制宜

统筹制定数字化供电所建设指南，协调做好国网统推系统融合贯通。各省结合本地实际情况与资源禀赋，制定差异化数字化供电所建设方案，明确细化工作目标、重点需求和实现路径，做到基础平台省级统一、业务流程协同优化、系统功能按需定制。

2. 坚持试点示范与分步推广

依托前期数字化供电所试点建设成果及现有信息化系统，依据基础型、标准型、示范型数字化供电所建设标准合理布局，完成系统建设与装备配置，按照三年计划逐步提升高阶数字化供电所覆盖范围。

3. 坚持资源利旧与架构统一

未上线客户服务业务中台的单位，充分利用乡镇供电所及班组一体化系统等现有信息化资源，推动与其他系统贯通，避免大拆大建。已上线客户服务业务中台的单位，要依托中台能力，统一技术架构与实现路径。

4. 坚持统筹兼顾与实用实效

要将数字化供电所建设纳入本单位数字化建设及供电所管理提升工作中统筹安排，与数字化建设、供电所实体化建设、基础制度与标准体系建设兼顾同步，坚持问题导向、需求导向，做到定期评价、持续跟踪，不断提升供电所数字化应用成效。

0.4 ─────────────────────────────────────── **目标**

　　建设数字化供电所，以数字化技术创新应用，推动供电所业务数字化升级，为社会提供绿色节能示范窗口，完成新型数字基础设施建设、传统业务数字化重构、价值挖掘和业务创新，打造供电所业务发展数字化新引擎，最终实现"数据赋能、基层减负、提质增效"的总体目标。

1. 业务自动化

　　打造以省为单位的数字化供电所统一支撑应用，整合对接各类信息系统，构建融合、智能、便捷、高效的工单中心，实现系统一次登录、数据一次录入、业务一站处理，基层管理向集约精细转变；打造业扩报装流程线上化、低压现场勘察设计一体化、计量采集消缺移动化、低压设备巡检联动化等业务场景，坚持"客户、员工少跑腿，数据、流程多跑路"的原则，对流程进行碎片化重构，应用机器人流程自动化（RPA）等技术，提升工作流程的自动化水平。

2. 作业移动化

　　从员工视角出发，整合营销、设备各现场作业场景，将系统现场作业功能全量迁移至智能手机，实现多类业务"一机完成"，推广"手机＋背夹"的移动作业模式，做到出门工作只带一个终端；优化移动作业功能应用，强化技术远程支撑，做到现场作业一次办结、上门服务一站解决；挖掘数据价值，增强分析辅助能力，实现故障主动抢修、低压设备巡检、台区线损治理等业务智能研判、自动发单，工作任务直派一线人员手机，提升业务响应能力。

3. 服务互动化

　　从客户视角出发，汇聚全渠道客户交互数据，提升客户标签质量，开展服务风险预测，强化标签策略应用，实现客户精准服务。利用短信、电话、"网上国网"等服务渠道，主动向电力客户推送抢修进度、业扩流程、电费账单、停电通知、有序用电等信息，实现全过程透明、全环节互动；拓展"办电 e 助手""能效 e 助手"等线上功能，为客户提供电费账单解读、开放容量查询、市场化售电签约等服务，快速解决客户难题，提升服务效率；深化营业厅功能建设，推进线下与线上服务联动，构建互动式用能场景，提升客户体验，推广新型能源，宣传安全用电。

4. 资产可视化

设备资产全面编码（ID）化、全生命周期线上管理，应用现代智慧供应链，推进专业的"无人仓""智能仓"建设，推广智能锁应用，24h自助领料，缩短抢修时间。强化后台数据监控，领料工单自动生成、线上流转，支撑资产实时盘点、跨仓跨所调配、库存定额预警、超期自动预警，实现仓储管理无感化、简易化；试点建设"移动仓"，差异化制定配置清单，满足前端服务团队"小、快、灵"的工作要求，提升班组机动性。

5. 管理智能化

全部任务转化工单、线上流转，工作责任落实到人；业务进程实时监测、闭环管控，关键环节提醒到人；指标看板数据同源、逐级分析，异常问题预警到人；员工绩效线上计算、量化打分，公开透明评价到人；技术支撑专业全面、实时响应，业务执行辅助到人。

6. 装备数字化

按照总部统一技术路线，整合手持终端、自助服务终端等现有数字化装备，提升装备利用率，针对营业厅服务类装备，依据供电所位置、人流、负荷、管辖范围、客户办电习惯等因素，做到因需而设；针对个人使用的移动作业类装备，按照装备应用频度和效果提升配置率，做到全员会用；针对供电所的管理类装备，切实发挥管理辅助作用，做到专人负责、使用留痕。

第 1 章

数字化供电所建设

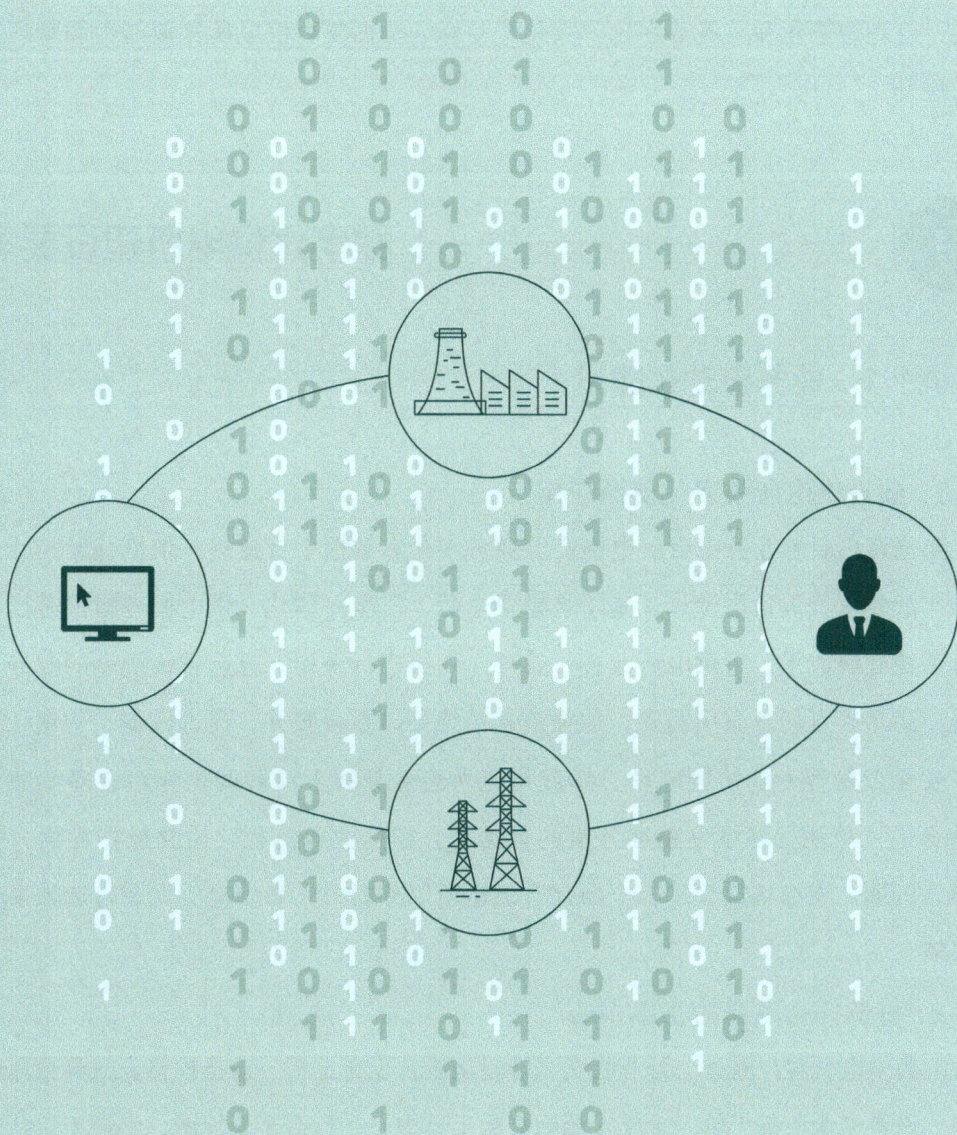

供电所是公司业务执行、供电服务的前沿，是公司最基层的作战单元，开展数字化供电所建设是按照国家电网有限公司数字赋能基层减负工作部署，统筹乡镇供电所管理提升工作安排，立足全网赋能、跨融结合、作业变革，以夯实数字化基础、提升数字化支撑能力为两条主线，加强账号、平台、工单、终端、工具等基础建设，以管理、内勤、外勤为服务对象，聚焦供电所指标管理难、重复工作多、冗余操作多、线下流转多等问题，开展供电所高频业务场景的数字化建设应用，激活供电所数字引擎动力，实现供电所业务自动化、作业移动化、服务互动化、资产可视化、管理智能化和装备数字化"六化"目标，全面支撑供电所作业能力和管理水平的提升。

1.1　数字化供电所建设要求

1.1.1　业务自动化建设

1. 建设供电所数字化支撑应用

深化客户服务业务中台、电网资源业务中台和数据中台建设，依据基层实际工作和实战要求开展顶层设计，基于乡镇供电所、班组一体化、供电服务指挥等已有信息系统建设成果，对供电所业务、管理、资源进行重构，打造省级统一的业务工作台，满足试点场景应用需要。加强信息系统接口整合归并，促进设备、营销、物资、安全监管等专业协同联动，形成供电所全业务线上流转的操作台、多专业任务融合的工单池、多维度精准分析的数据仓，精简业务流程，简化操作界面，预警异常问题，支撑精益管理，全面提升供电所服务能力，为供电所发展打造数字化新引擎。

2. 打造任务融合的工单中心

汇集供电所客户服务、营业收费、计量运维、设备巡视、设备检修、故障抢修等营销、设备专业业务工单，建成末端融合的工单中心。打造全景视图，实现工单状态集中展示、监控、预警和闭环处理，改变传统的多头管理、多方指导模式，支撑基层扁平化、集约化管理。构建联动机制，针对主业务工单，系统自动触发相关联的领料单、派车单、工作票、操作票、工作日志、抢修记录等工作流程，支撑业务线上化、自动化流转。推进网格电话、网格工单等供电所线下运行业务全部向线上化、工单化转变，实现稽查联动监督，全面确保服务质量。

3. 一员工一个账号一次登录

接入多专业系统接口和业务数据，通过公司统一权限系统，整合供电所员工账号，实现不同系统"一账号"单点登录，解决"业务多系统、多账号"的问题。进一步为基层单位各类用工形式人员开通账号，解决"多人一账号、无账号"问题，通过统一权限系统进行配置、发布和管理，规范账号权限、密码管理、业务操作等信息安全管理体系。

4. 保障数据服务触达基层班组

推进客户档案、欠费停电、智能缴费、电量电费、台区线损、故障抢修、计量运维、"网上国网"注册认证、用户积分等信息向供电所共享，实现一般数据的即时调取，特殊数据 24h 内推送，研究班组级数据分析工具，提升数据共享及利用程度，辅助工作任务安排，支撑现场业务处理。

5. 强化基层员工的技术支撑

共享 95598 智能知识库，扩充完善省侧知识储备，实现网、省两级知识联动。组建本地业务专家团队，开展远程指导服务，为员工提供高效、便捷的全流程技术支撑。围绕信息填报、报表统计、业务核查、指标监控等机械性、重复性工作，广泛应用流程机器人（robotic process automation，RPA）进行替代，减少基层重复劳动，避免人为差错。打造线上培训模块，方便员工随时随地获取培训资源，通过模拟练习、线上考试等手段，检验培训效果。试点探索 AR/VR 模拟实训应用，编制仿真课件，提升基层培训效率。

1.1.2　作业移动化建设

1. 移动作业一个终端

打造一套整合多专业功能的移动作业应用，实现供电所现场业务全覆盖，加快推广"手机＋背夹"工作模式，即个人手机处理常规业务、专用背夹处理专项业务，拓展背夹功能应用，减少装备携带数量，有效解决现场作业"多终端"问题。

2. 工作任务一次派单

梳理供电所日常工作任务，参照"系统计划类、所务临时类、预警督办类、95598服务类"对工单进行分类管理，自动合并重复工单，实现任务一次派单。梳理客户、表计、台区、员工匹配关系，精准关联责任人员，实现工单直派到人。

3. 现场服务一次解决

深化移动应用，复用手机拍照、录音、定位等功能，提升现场作业能力，支撑现场服务一次完成。应用光学字符识别（optical character recognition，OCR）、语音转录等技术，通过"扫一扫、拍一拍、点一点"的方式完成工单填报，减少人工信息录入，提升功能易用性。

1.1.3　服务互动化建设

1. 全渠道贯通服务数据

打通营业厅、"网上国网"、95598网站、政务平台、微信公众号等各类服务渠道，共享业务流程办理数据，梳理电网企业公开信息目录，公告国家电力法规、服务项目、服务承诺等重要信息，确保客户服务过程数据同源、体验一致。

2. 全环节推进服务互动

结合客户标签建设成效，细分特征群体，针对抢修、业扩、电费账单、停电通知、有序用电等核心业务，全环节为客户推送状态信息，实现服务过程可视、服务风险可控。推广线上互动服务，利用人工和智能客服，为客户提供代购电委托办理、电量电费账单解读、业扩开放容量查询、新能源应用策略咨询、农村电能替代推广等服务，精准开展诉求响应，全面助力乡村振兴。

3. 全方位融合服务资源

在营业厅建设安全用电、充电汽车、新能源、节能服务、乡村电气化等应用场景，为客户提供开放、互动的模拟用能体验，挖掘客户用能需求。设置能效、市场化等综合服务窗口，整合"网上国网"的"办电e助手""专属客户经理"等功能，实现"线下、线上"服务联动。

1.1.4 资产可视化建设

1. 完善资产管理业务功能

遵循公司现代智慧供应链建设安排，基于现有资产管理系统，构建资产可视化管理视图，建立信息台账，直观展示领用、退还、消耗等信息，支撑专业仓资产实时盘点、库存定额预警、超期自动预警等功能，实现供电所采集设备、备品备件、安全工器具、工程物资等资产的全生命周期线上化、可视化、可量化管理，减少员工线下收集工作量。

2. 建设资产设备智能仓储

按照物资管库、专业管仓的工作理念，建设无人化、智能化专业仓，推广智能锁应用，将领用人、工单和物料关联，自主领用、自动记账、自行分析，精准管控运维成本。配置智能工器具柜、智能货架等仓储设施，完善专业仓物资编码体系，清晰划分货位，运用射频识别（radio frequency identification，RFID）、图像识别、物联网电子标签等技术，实现物资领用有痕迹、无感出入仓、盘点智能化。试点建设"移动仓"，随车携带设备，做到随用随取，增强基层班组作业机动性。

1.1.5 管理智能化建设

1. 运营指标精细管理

建设"基层指标看板"工具，汇集供电所安全生产、客户服务、营销生产等核心业务指标，按网格、台区、员工进行逐级汇总、分级展示，直观反映对标排名情况，分析指标风险、预警异常问题，支撑供电所经营决策、服务提升。

2. 员工绩效量化管理

以工单数据为基础，综合统计任务数量、工作质效、经营指标、考勤情况等信息，量化员工绩效积分权重，用数据说话、用数据管理、用数据奖惩，直观展现工作业绩，实现评价打分线上开展、评价结果公开公正、评价数据精准溯源。

3. 后勤服务智能管理

建立"一车一档制"的车辆信息化台账，挂接人员与车辆关系，用车有据可依、有据可查。规范生产服务用车调度管理，依据实际作业现场的紧急情况智慧生成车辆服务路线，自动生成派车工单，利用车载定位系统和车辆（牌）识别技术，实现车辆监控可视。

4. 党建管理在线开展

线上定制供电所党支部党建学习计划，推进支部会议自动签到、自动记录、在线巡听、在线查阅等功能应用，及时推送重要讲话、新闻、党史学习教育材料等，强化党课知识随身学和掌上学，增强党建管理的实效性和针对性。

1.1.6 装备数字化建设

1. 配备客户服务设施装备

依据客户流量、历史业务、办电习惯等情况，制定客户服务设施装备差异化配置方案，结合应用需求及使用效果，逐步提高供电所自助服务终端、现场（社区）供电服务终端配置率，提升营业厅服务水平。

2. 配备移动手持设施装备

根据员工数量、业务需求、使用频度等情况，制定移动手持设施装备差异化配置方案，提升员工背夹、手机、行为记录仪等装备配置率，最大化满足业务需要，确保人人会用、人人爱用，提升员工作业效率。

3. 配备公共管理设施装备

根据"安全监控、精益管理"要求，制定公共管理设施装备差异化配置方案，提升人像考勤机、授权门禁、智能锁具、无感库房、安全布控球配置率，强化专人管理，做到应用留痕，提升所务管理水平。

4. 强化营业厅安全监测

利用摄像头、安全网关等设备，监测工作人员违规操作、外来人员违法行为、服务设备及展示大屏异常情况，及时发现风险，提醒处置。

数字化供电所建设要求如图 1-1 所示。

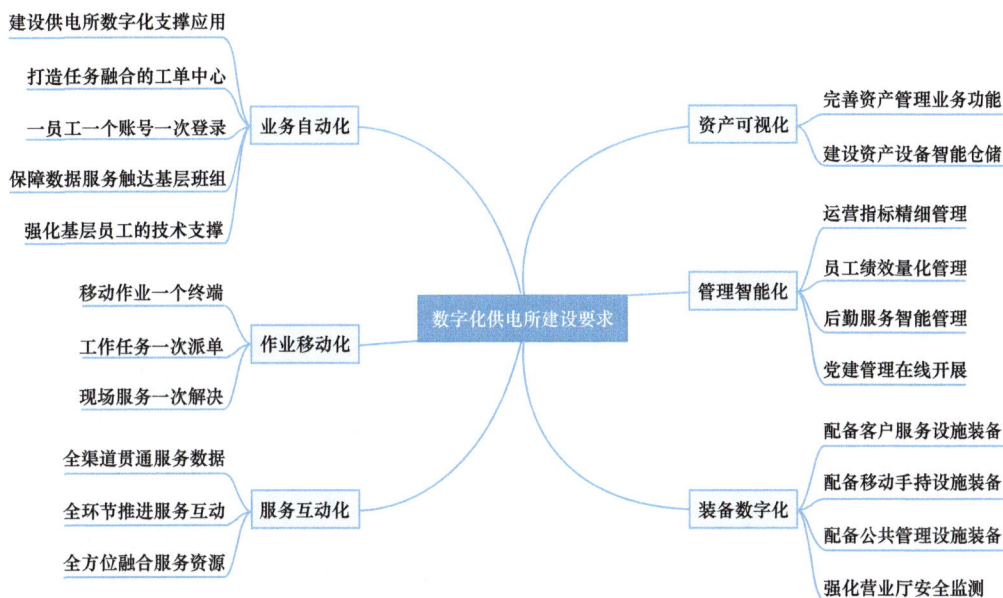

图 1-1　数字化供电所建设要求示意图

1.2 数字化供电所建设标准

1.2.1 数字化供电所建设类型标准

1. 基础型数字化供电所

供电所各类员工账号全面配置，基本实现供电所常用系统在数字化供电所全业务平台单点登录、一键跳转，完成供电所 70% 工单在工单池集中展示，60% 及以上现场作业工作可通过个人手机完成，至少配置一套 RPA 工具、建设一个 RPA 应用，建设并应用 4 个及以上高频场景应用，促进供电所业务自动化、作业移动化、管理智能化落地。

2. 标准型数字化供电所

完成全部供电所涉及系统在数字化供电所全业务平台单点登录、一键跳转，供电所涉及全部工单在工单池集中展示、提醒、闭环管控，应用"个人手机＋背夹"工作模式完成供电所全部现场作业工作，建设并应用 15 个及以上高频场景应用，提升供电所业务自动化、作业移动化、管理智能化水平，促进服务互动化落地。

3. 示范型数字化供电所

完成管理、内勤、外勤全部 19 个业务场景建设应用，探索配置供电服务记录仪、数字库房等设施装备，促进供电所资产可视化、装备数字化落地。

数字化供电所建设标准如表 1-1 所示。

表 1-1　　　　　　　　　　　　数字化供电所建设标准

序号	建设项目	建设标准	基础型	标准型	示范型
1	数字化基础底座	一账号	完成供电所各类员工账号全面配置，确保在编、劳务派遣、外协人员一人一账号，满足不同用工形式人员账号需求	完成供电所各类员工账号全面配置，确保在编、劳务派遣、外协人员一人一账号，满足不同用工形式人员账号需求	完成供电所各类员工账号全面配置，确保在编、劳务派遣、外协人员一人一账号，满足不同用工形式人员账号需求
2		一平台	贯通营销、采集、生产、稽查、95598、供电服务、安全生产等常用系统，在数字化供电所全业务平台实现单点登录、一键跳转	贯通全部供电所涉及系统，在数字化供电所全业务平台实现单点登录、一键跳转	贯通全部供电所涉及系统，在数字化供电所全业务平台实现单点登录、一键跳转
3		一工单	完成供电所 70% 业务工单在工单池集中展示	完成供电所全部涉及工单在工单池集中展示、提醒、闭环管控	构建工单联动机制，配置数字库房，工单池与数字库房、车辆系统等贯通，工单自动触发领料单、派车单、工作票、操作票等
4		一终端	60% 及以上现场作业可通过个人手机完成	应用"个人手机+背夹"工作模式可完成全部供电所现场作业工作	配置供电服务记录仪等数字化装备

续表

序号	建设项目	建设标准	基础型	标准型	示范型
5	数字化基础底座	一工具	供电所配置至少一套 RPA 工具，至少一人会用 RPA 工具，至少有一个场景在用	供电所配置至少一套 RPA 工具，至少一人会用 RPA 工具，至少有一个场景在用	结合感知技术（语音、人机交互、视觉）、认知技术（智能决策）等人工智能技术，打造供电所数字员工
6	高频场景应用	指标看板	至少完成 4 个高频场景建设应用	至少完成 15 个高频场景建设应用	应用
7		工单看板			应用
8		服务看板			应用
9		绩效看板			应用
10		资产看板			应用
11		所务看板			应用
12		派单助手			应用
13		绩效助手			应用
14		日报助手			应用
15		停电监测助手			应用
16		公示发布助手			应用
17		录入助手			应用
18		催费助手			应用
19		一键查询			应用
20		一键装拆			应用
21		一键过户			应用
22		一键预警			应用
23		一键调试			应用
24		一键扫码			应用

序号	建设项目	建设标准	基础型	标准型	示范型
25	应用效果	一线员工账号配置率	100%	100%	100%
26		供电所常用系统集成率	80%	90%	100%
27		一平台月登录率	100%	100%	100%
28		常用系统工单汇聚率	80%	85%	90%
29		各专业终端功能整合率	70%	85%	100%
30		一终端周使用率	85%	90%	100%

1.2.2　数字化供电所装备设施标准

1. 智慧物联接入基础设施

边缘物联代理部署在供电所内，与物联管理平台双向互联，具备边缘计算、通信协议适配、统一数据模型、安全准入等功能，实现不同类型终端数据在感知层的处理与计算，减少感知层大量无效数据传递对网络层、平台层的冲击，提升云边协同及区域自治能力。

智慧物联说明如表 1-2 所示。

表 1-2　　　　　智慧物联说明

序号	名称	接入方式	接入通道	通信协议	用途说明
1	边缘物联代理	有线网络	物联管理平台	消息队列遥测传输协议	与物联管理平台双向互联，实现不同类型终端数据在感知层的处理与计算，减少感知层大量无效数据传递对网络层、平台层的冲击
2	物联安全接入防护装置	有线网络	物联管理平台	消息队列遥测传输协议	用于供电所终端装置的身份认证和网络行为的安全防护

2. 数字化库房

通过对库房工器具柜、货架、图像识别等设施进行数字化升级,实现人脸识别授权认证登录、自动提示引导、自动记录出入库、自动盘点、缺口统计预警、远程监管、自主物品管理、交通工具无感进出和实时监控、外出用车匹配等功能,具备无感知出入库能力,通过接入供电所综合业务数字化平台,实时提供末端数据原始采集,为大数据分析和研判提供精准支撑,提升供电所专业仓数字化管理水平。物资首次入库时,系统为其自动生成唯一编码,出库时与"工单"结合明确使用流向,形成领用归还"闭环"管理,实现管理精细化、智能化。制定移动仓配置标准,明确安全监管、生产、营销等专业常用物资明细。智能库房管理系统采用泛在电力物联网的设计思路,运用物联网 RFID 传感技术,以及边缘计算、通信网络、云平台、人工智能算法等前沿技术,实现生产工器具从分发、使用、检验至报废的智能化管理。

(1)数字化库房主要设施。如图 1-2 所示。

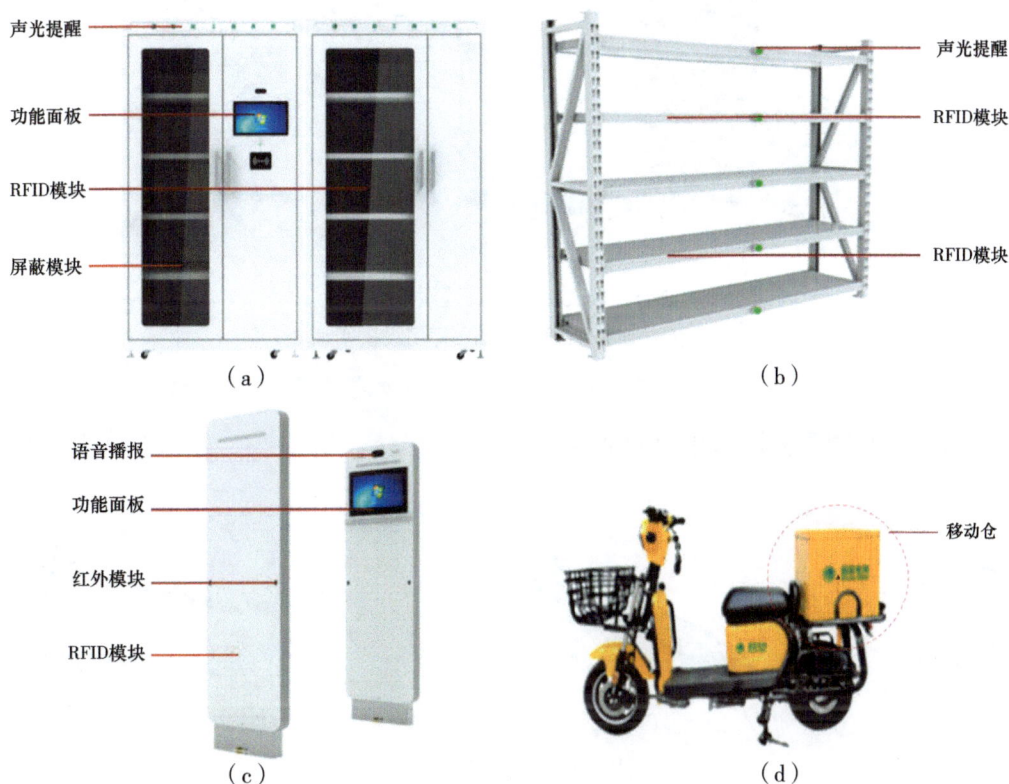

图 1-2 数字化库房主要设施示意图
(a)智能工器具柜;(b)智能货架;(c)RFID 通道;(d)移动仓

（2）数字化库房建设。如图 1-3 所示。

灯光指示　　　　烟雾预警　　位置指示

功能面板　RFID模块　RFID模块　RFID模块　　RFID模块　　重量传感器　周转柜

（a）

AI监控　　　RFID通道　移动推车　　声光提醒　功能面板　RFID模块

（b）

图 1-3　数字化库房建设示意图
（a）库房设备明细 1；（b）库房设备明细 2

（3）常用射频标签。如图 1-4 所示。

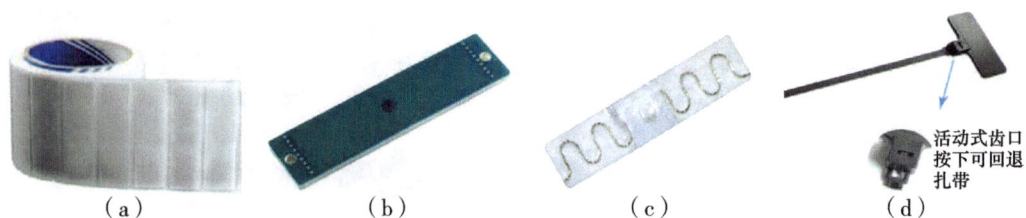

活动式齿口
按下可回退
扎带

（a）　　　　　　　（b）　　　　　　　（c）　　　　　　　（d）

图 1-4　常用射频标签样式示意图
（a）纸质标签；（b）抗金属耐高温；（c）防水抗金属；（d）扎带式

（4）常用射频标签类型。如表 1-3 所示。

表 1-3 　　　　　　　　　　　常用射频标签类型

序号	名称	适用工器具类型
1	电子标签（非抗金属粘贴式）	纸盒、塑壳类等
2	电子标签（非抗金属挂牌式）	电线、陶瓷类等
3	电子标签（抗金属陶瓷粘贴式）	金属工器具类
4	电子标签（抗金属软质粘贴式）	金属箱类

（5）常用射频标签安装方式。如图 1-5 所示。

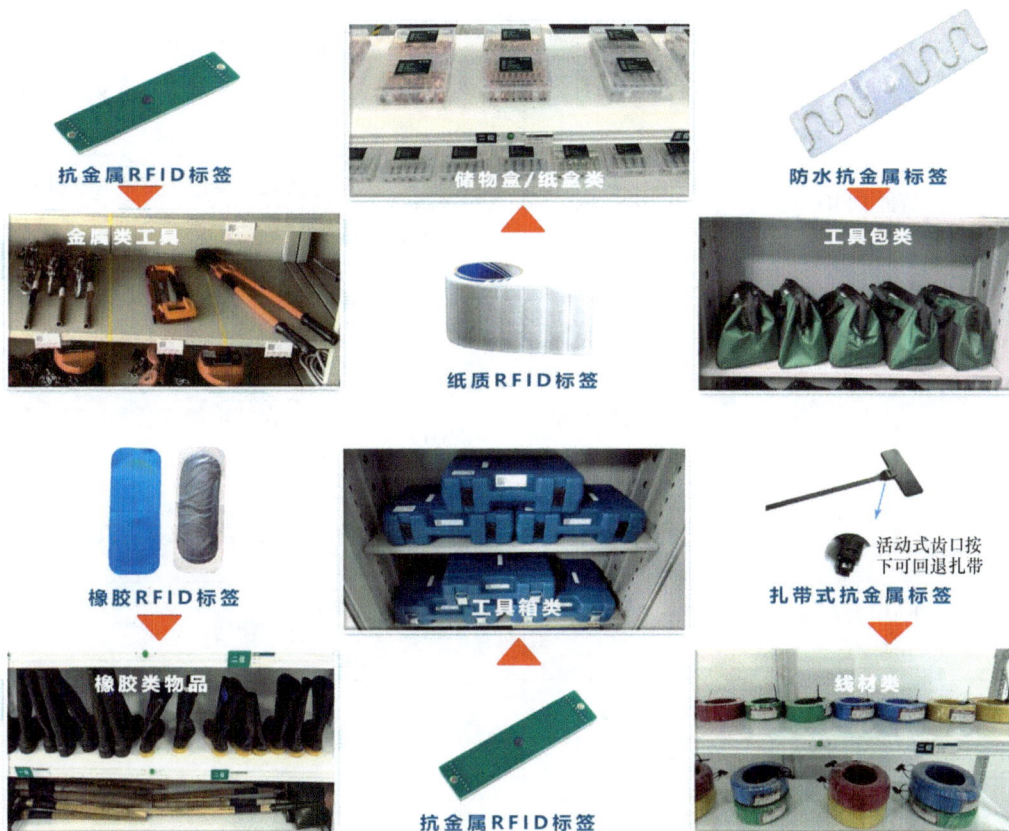

图 1-5　常用射频标签安装方式示意图

（6）数字化库房物联终端。数字化库房物联终端说明如表 1-4 所示。

表 1–4   数字化库房物联终端说明

序号	名称	接入方式	接入通道	通信协议	用途说明
1	智能 RFID 控制柜	网线	边缘物联代理	超文本传输协议（HTTP）	数字化库房数据主控与接入处理，预留库房综合管理应用，预留省公司综合业务数字化平台数据接口
2	智能 RFID 工器具副柜	网线	智能库房控制柜	HTTP	可与控制柜联动组合（适用仪器仪表及精密仪器等需要基本防护的设施）
3	RFID 通道门	网线	边缘物联代理/智能库房控制柜	HTTP	识别物品出入库
4	一体化 RFID 通道门	网线	边缘物联代理	HTTP	数字化库房数据主控与接入处理，预装库房综合管理应用，预留省公司综合业务数字化平台数据接口
5	智能 RFID 货架	网线	智能库房控制柜	传输控制协议（TCP）	实现货架物品实时盘点扫描，物品快速出库、自动盘存及无感知出入库等功能
6	手持 RFID 识别器	无线	移动设备	蓝牙	实现专业仓、移动仓物品快速扫描或盘点
7	移动仓	无线	物联管理平台	MQTT	可存放电能表、常用工具和备品、备件等
8	人脸识别采集门禁	网线	边缘物联代理	TCP	实现人员进入身份识别
9	RFID 定制标签	—	—	—	标识物品
10	烟感报警器	RS–485	边缘物联代理	Modbus	提供报警信号
11	库房环境因素测控	网线	边缘物联代理	TCP	库房监控、报警、控制装置设备及智能控制等
12	人工智能（AI）智慧识别摄像机	网络	智能库房控制柜	TCP	识别当前人员信息

3. 智慧化监控

通过对供电所出入口、营业厅、走廊、院落、库房、档案室等区域的监控设施进行升级，完善 AI 智慧识别功能，利用物联管理平台下发人工智能平台计算模型至供电所边缘物联代理，实现人脸识别、车辆识别、轨迹识别、行为判定、烟火预警等无感采集、智能前端研判和后台大数据分析，实现供电所进出便捷化通行、智能化考勤及 AI 智能分析，记录人员及车辆出入信息和访客来访信息，做到防疫初筛、授权通行可查。通过边缘计算和前端判定，实现对车辆及人员出入的前端采集和研判，为供电所综合业务数字化平台的原始数据采集、任务下发及完成等提供实时节点反馈，实现"一张表"指标到人，"一体化"业务监控、"一站式"运营分析，为供电所精益管理、智能派工、员工评价、精准服务等提供数字化支撑。

供电所常规设备点位如图 1-6 所示。

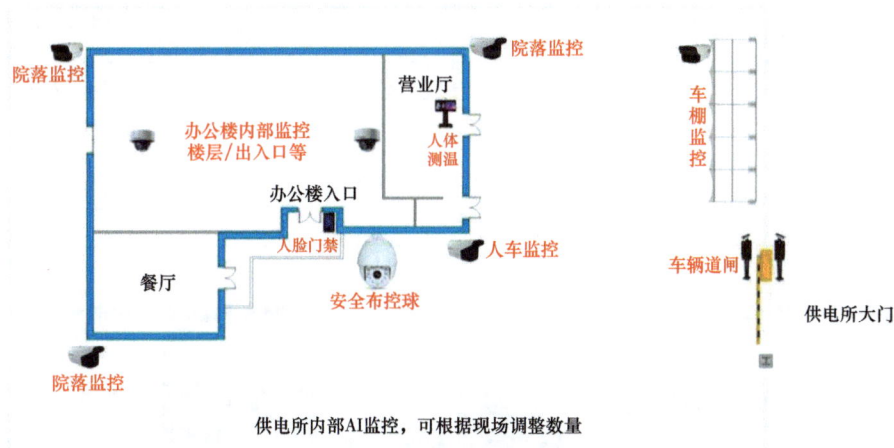

图 1-6 供电所常规设备点位图

AI 识别监控如图 1-7 所示。

智慧化监控物联终端说明如表 1-5 所示。

表 1-5 智慧化监控物联终端说明

序号	名称	接入方式	接入通道	通信协议	用途说明
1	AI 智慧识别分析判定	以太网	边缘物联代理	HTTP	存储及判定

续表

序号	名称	接入方式	接入通道	通信协议	用途说明
2	AI人脸抓拍设施	以太网	边缘物联代理/AI智慧识别分析判定	HTTP	人脸抓拍分析
3	人脸识别采集测温	以太网	边缘物联代理/AI智慧识别分析判定	HTTP	办公楼入口人脸识别授权进入
4	人车AI智慧识别	以太网	边缘物联代理/AI智慧识别分析判定	HTTP	供电所大门口人车智能识别
5	营业厅AI人脸客流	以太网	边缘物联代理/AI智慧识别分析判定	HTTP	营业厅客流计数
6	区域AI态势分析	以太网	边缘物联代理/AI智慧识别分析判定	HTTP	营业厅人群密度及行为监测
7	营业厅AI离岗检测	以太网	边缘物联代理/AI智慧识别分析判定	HTTP	营业厅判断人员在岗情况
8	出入车辆智能管理	以太网	边缘物联代理/AI智慧识别分析判定	HTTP	车辆出入控制
9	营业厅人体测温监测	以太网	边缘物联代理/AI智慧识别分析判定	HTTP	营业厅人体红外测温初筛
10	布控球	以太网	边缘物联代理/AI智慧识别分析判定	HTTP	院落

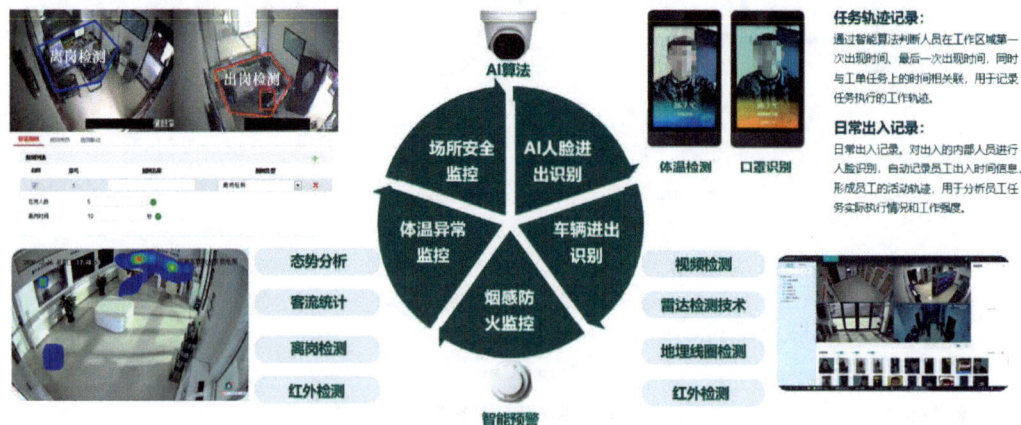

图1-7 AI识别监控

4. 数字化实训室

为激发基层学习动力，提高员工数字化思维、素质和工作能力，拓宽多种员工培训渠道，复用"三新大讲堂""一起培训"等平台开发成果开展员工专业知识和业务技能培训。深度挖掘员工实际需求，依托 3D 仿真、虚拟现实等数字技术，通过边缘物联代理与物联管理平台进行深度融合，实现"一课多教、便捷高效、规范统一"，指导员工规范化作业。针对基层人员知识薄弱点和新型业务，开发标准化实训场景培训教程，支撑台区线损排查、综合故障抢修、"供电＋能效"服务、作业现场安全管控等业务的虚拟场景培训。汇总分析实训演练数据，自动生成可视化报表，实现培训评价、维度分析等动态管理。数字化实训室如图 1-8 所示。数字化实训室智慧物联终端说明如表1-6 所示。

图 1-8　数字化实训室示意图

表 1-6　　　　　　　数字化实训室智慧物联终端说明

序号	名称	接入方式	接入通道	通信协议	用途说明
1	实训模拟终端	以太网	边缘物联代理	HTTP	搭建虚拟操作环境
2	实训显示屏	高清多媒体接口（HDMI）	实训模拟终端	HTTP	实训观摩展示
3	头戴式设备	HDMI	实训模拟终端	HTTP	虚拟显示体验设施
4	操控手柄	通用串行总线（USB）	实训模拟终端	HTTP	操控设施

5. 数字化营业厅

充分发挥供电所服务网点功能，探索无人化、自助式营业厅建设，合理配置防疫监测、客户引导等数字化功能设施，深入引导客户自助服务，发挥新零售、新业务宣传等作用，实施用能场景模拟设施与用能元素展示，配备自助服务终端，实现营业厅功能数字化转型升级。数字化营业厅如图 1-9 所示。营业厅智慧物联终端说明如表 1-7 所示。

图 1-9　数字化营业厅示意图

表 1-7　　　　　　　　　营业厅智慧物联终端说明

序号	名称	接入方式	接入通道	通信协议	用途说明
1	排队叫号机	网线	接入边缘物联代理	TCP	实现排队取号叫号、业务分流、业务量统计等功能。可支持排队叫号信息上传平台，同时支持在发光二极管（LED）窗口屏或广告机上进行排队叫号信息展示
2	智能查询终端	网线	接入边缘物联代理	TCP	网点查询、便民信息、台区经理、营业厅平面布置图、充换电站查询、户号查询，宣传折页和一次性告知书扫码带走等功能
3	广告机	网线	接入边缘物联代理	TCP	提供信息公示、对外宣传推广内容展示、客户关注信息查询等服务
4	互动体验类设备机	网线	接入边缘物联代理	TCP	模拟驾驶、电能替代、分布式光伏、智能家居等互动体验

6. 移动作业背夹

打造整合营业、计量、抢修、安全等多专业功能的移动作业应用，推广"手机 + 背夹"作业模式，利用专用背夹处理专项业务，打破终端选型限制，复用手机拍照取证、图像识别、行为记录、语音录制等功能，满足现场业务办理需求。移动作业背夹如图 1-10 所示。

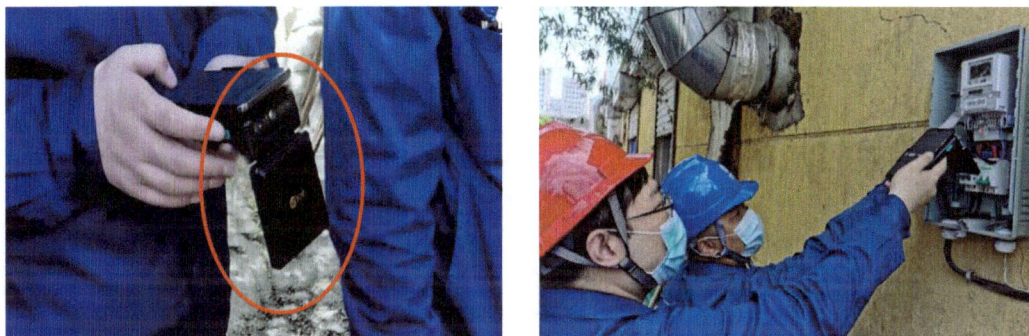

图 1-10　移动作业背夹示意图

7. 服务监控装置

通过对服务行为记录仪、无线视频终端等设备加装物联网卡，对实时视音频、轨迹、定位、终端信息数据进行上报，实现台区经理服务现场实时音视频 / 行为轨迹动态展示、后台远程指导，根据实时位置信息，实现故障抢修等应急服务的有效调度，实现远程服务管控向网络化、系统化、智能化转变，对现场作业人员行为及作业流程进行监督，提升作业人员的安全意识和服务意识。行为记录仪如图 1-11 所示。行为规范监控物联终端说明如表 1-8 所示。

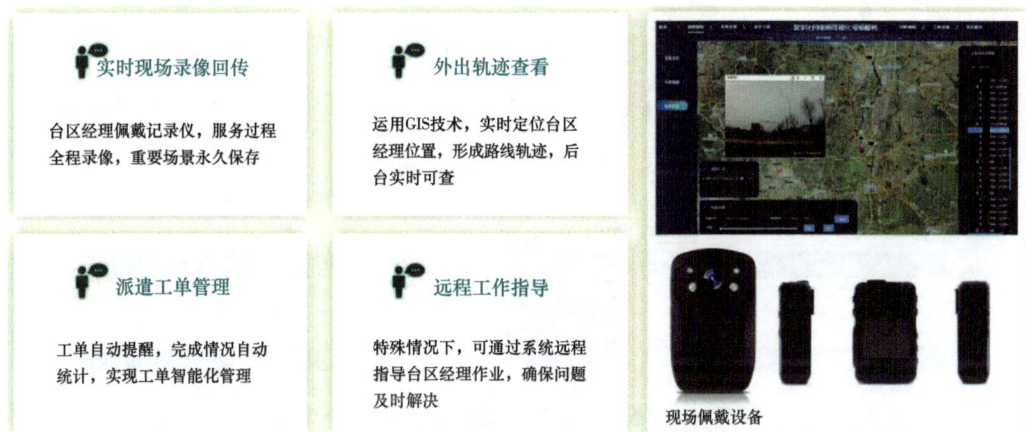

实时现场录像回传
台区经理佩戴记录仪，服务过程全程录像，重要场景永久保存

外出轨迹查看
运用GIS技术，实时定位台区经理位置，形成路线轨迹，后台实时可查

派遣工单管理
工单自动提醒，完成情况自动统计，实现工单智能化管理

远程工作指导
特殊情况下，可通过系统远程指导台区经理作业，确保问题及时解决

现场佩戴设备

图 1-11　行为记录仪示意图

表 1-8　　　　　　　　　　　　行为规范监控物联终端说明

序号	名称	接入方式	接入通道	通信协议	用途说明
1	服务行为记录仪	无线接入点（APN）专网	各地市单位全能型供电所视频应用子站	传输层传输控制协议（TCP）/用户数据报协议（UDP），视音频实时传输协议（RTP）/RTP控制协议（RTCP）	台区经理佩戴，服务行为规范
2	无线视频终端	无线 APN 专网	各地市单位全能型供电所视频应用子站	传输层 TCP/UDP，视音频 RTP/RTCP	台区经理佩戴，服务行为规范

8. 故障监测装置

结合配电自动化智能故障指示器、接地故障定点仪，应用图 1-12 所示的故障寻址仪监测配电线路运行状态，在配电线路发生接地、短路和断线、接触不良等故障时，进行准确的判断，快速准确地测定故障位置，提高故障排查效率，提升故障检测准确性，降低巡检人员故障排查难度，保障配电线路安全稳定运行。如图 1-13 所示，应用

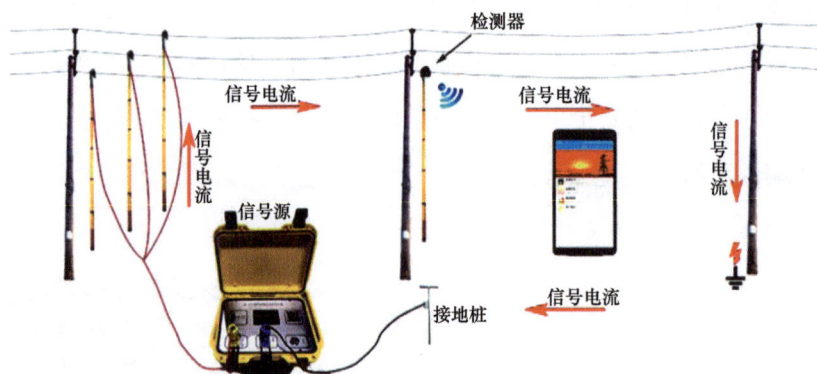

图 1-12　故障寻址仪示意图

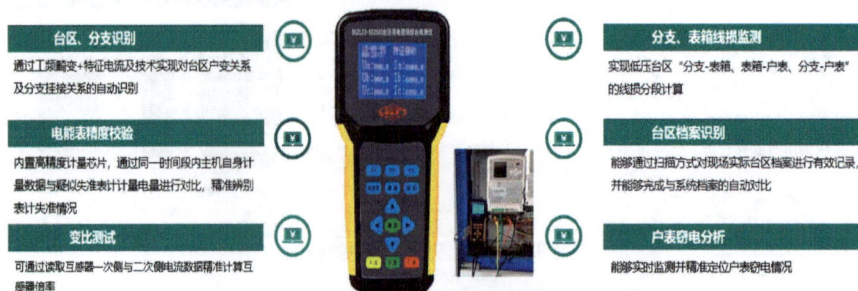

图 1-13　台区用电现场综合检测仪示意图

台区用电现场综合检测仪，实现台区识别、分支识别、线损分段计算、电能表误差现场校验、变比测试、窃电分析等功能应用，提升台区综合管理水平。

9. 巡检无人机

如图 1-14 所示，应用搭配可见光录像、远距离摄影、红外热成像、绝缘子检测等智能模块的巡检无人机，对目标或线路进行飞行检测与 360° 全方位拍摄，将现场情况实时回传地面监控，辅助原因分析判断，及时排除故障，提高供电所巡检效率。

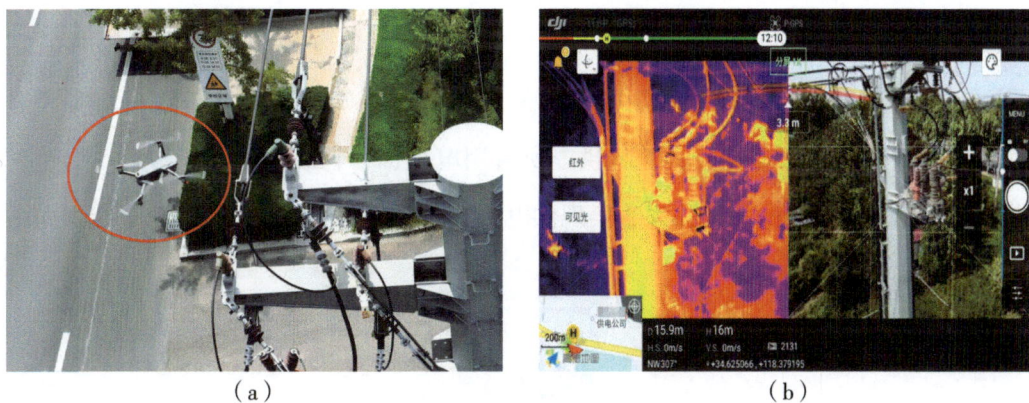

（a）   （b）

图 1-14　巡检无人机工作示意图
（a）巡检无人机；（b）无人机画面

10. 特色亮点建设

（1）装备设施电气化。

1）作业装备"电气化"替换。供电所配置充电式往复锯、便携式应急电源、移动式储能、电动工具等电气化装备，逐步淘汰燃油发电机、燃油应急灯、油锯等设备，进一步提升供电所电气化装备水平。

2）后勤设施"电气化"改造。在供电所推广全电厨房、清洁供暖等电气化设施设备，淘汰燃气等化石能源设施设备，对供电所"五小"进行电气化改造，实现供电所后勤设施用能全电化。

3）交通工具"电气化"升级。结合工作实际，推广适应各种乡村地形、满足基层需求的电动三轮、两轮生产服务车辆，逐步淘汰燃油抢修汽车，统一车辆标识，科学设计厢柜，充分满足常规抢修、运检、服务需求。合理设置充电桩，满足内外部充电需求，服务于全社会低碳出行。

4）电动车辆充电桩（充电车棚）建设。因地制宜设置充电设备种类及数量，满足内外部充电需求，服务低碳出行。安装智慧化视频监控装备，实时监控进出充电站车辆，自动识别新能源车辆。充电桩远程重启复位，将充电站告警信息传送至主站系统进行远程管控。

（2）供电所零碳建设。利用新能源发电、电能替代、建筑节能改造等技术，通过安装分布式光伏板、太阳能集热器等绿色能源获取装置，满足供电所用能需求。通过安装空气源热泵、地源热泵等各类综合用能产品，满足办公场所采暖制冷需求，减少空调制冷、电直热式采暖模式的应用。通过在供电所部署边缘物联代理接入物联管理平台，实现供电所光伏设备、用能监测采集设备等感知设备的统一管理，实时监测供电所用电安全状态，分类统计供电所自用电数据，辅助分析用能构成，构建以电为中心、多能互补的用能体系，实现供电所能源自给。供电所侧能耗系统结构如图1–15所示。

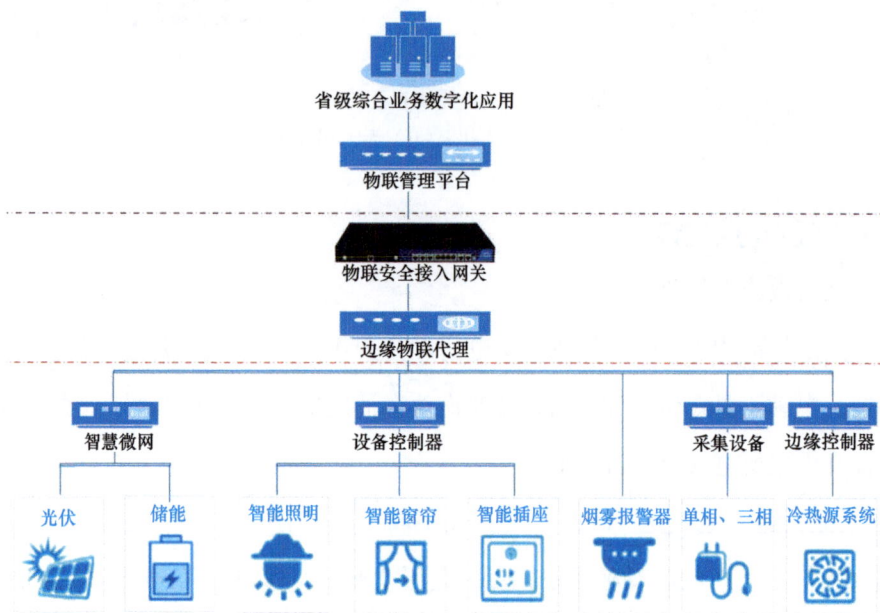

图 1-15　供电所侧能耗系统结构图

（3）精品台区建设。为加快推进客户侧新型数字基础设施建设部署要求，实施精品台区建设，通过安装柔性直连互济设备，探索接入分布式"光储充"、台区"物联全感知"设备的基础建设下，实现台区在现有供电能力下，满足用户快速增长的持续、可靠性用能需求，同时改善末端用户电压质量，保障电网设备的安全稳定运行。

1.3　数字化供电所建设底座

数字化供电所以双中台架构为驱动，融合贯通供电所常用系统，夯实"一账号、一平台、一工单、一终端、一工具"五个数字化基础底座，将数字技术、数据要素和互联网理念深度融入基层生产和业务活动，解决长期困扰供电所的"系统频繁切换、工单多次录入、现场业务无法一次办结、基层人员缺少技术支撑"等突出问题，促进数字赋能、基层减负，进一步升级和释放客户服务潜力。

1.3.1　一账号

围绕业务导向，打破身份界限，为基层供服员工配置"统一权限"账号，实现"一人一账号"，每位员工都有可登录各个专业系统处理各项工作所需的唯一账号。"一账号"业务结构如图 1-16 所示。

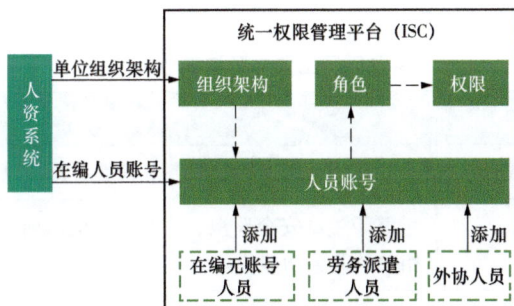

图 1-16　"一账号"业务结构图

1. 建设背景

供电所专业系统多、账号多，易造成系统账号混乱，基层业务处理需频繁切换登录多个系统，操作烦琐费时。供电所用工形式多样，大量劳务派遣与外协人员无独立账号，多人使用同一账号登录系统，导致责任追溯和绩效评价无法到人。

2. 建设目标

供电所全部在编人员、劳务派遣人员与外协人员，在统一权限管理平台（ISC）有唯一系统登录账号，实现一账号登录常用业务系统，解决"一人多账号、多人一账号"问题。

3. 建设内容

遵循公司技术架构，基于统一权限管理平台，梳理营销业务组织架构，为在编无账号人员、劳务派遣人员与外协人员开通账号，并配置对应角色权限，确保每位员工在统一权限管理平台有唯一的系统登录账号，实现"一员工一账号"，满足不同用工形式员工的账号使用需求。

4. 应用功能

（1）组织架构梳理。对统一权限管理平台中已有的组织架构进行梳理，形成完整的业务组织架构体系，支撑在编、劳务派遣、外协人员"一账号"建立与管理；并通过单位身份标识号码（ID）建立与其他专业系统组织架构的映射关系，支撑其他专业系统角色权限配置。

（2）权限统一配置。根据供电所员工岗位职责，通过统一权限管理平台对供电所员工角色、权限进行统一配置、发布和管理，规范角色、权限等信息安全管理制度，确保系统运行安全与数据安全。供电所员工角色及权限如表1-9所示。

表1-9　　　　　　　　　　供电所员工角色及权限参考表

序号	角色	权限描述
1	供电所所长/副所长	赋予指标、工单、服务等各类看板，以及一平台所有功能权限
2	安全员	赋予生产安全巡视、检查、安全培训，以及安全工器具监管等相关的业务功能权限
3	技术员	赋予设备运行、检查、维护，以及备品备件监管等相关的业务功能权限
4	营销员	赋予客户服务、台区运行状态监测，以及计量装置检查、维护等相关的业务功能权限
5	内勤	赋予信息录入、工单派发、绩效评价等内勤相关业务办理及数据查询的所有权限；针对劳务派遣或外协人员，按照权限最小化原则，仅赋予与之职责匹配的最小业务功能权限

续表

序号	角色	权限描述
6	外勤	赋予台区用电信息查询、电能表装拆、电能表过户等外勤相关业务办理及相关数据查询的所有权限；针对劳务派遣或外协人员，按照权限最小化原则，仅赋予与之职责匹配的最小业务功能权限

（3）账号统一建立。

1）在编人员账号建立，对统一权限管理平台中已有的在编人员账号进行梳理、整合，为在编无账号员工添加账号，并根据岗位职责匹配对应角色权限，确保所有在编人员有唯一账号。

2）劳务派遣、外协人员账号建立，根据业务范围与岗位职责为劳务派遣、外协人员指定一位在编人员作为责任人对其进行管理，由责任人协助为其建立账号，实现责任人与外协人员对应，匹配对应角色权限，确保业务均通过本人账号办理。

（4）账号统一管理。

1）通过系统登录日志对账号使用情况进行监测，对连续半年未使用的，暂停其登录权限，若再次启用，则需向管理人员申请恢复权限。

2）工作人员退休或离职后，该账号仅用于遗留业务处理，不再发起新业务，三个月内完成遗留业务处理后清除账号登录权限。

3）当工作人员因岗位调整，工作职责与业务发生变化时，需及时在统一权限管理平台完成账号角色权限变更。

1.3.2　一平台

员工可通过登录一个数字化供电所业务平台跳转至其工作所需的各个专业系统并开展相关工作，无须二次登录。

1. 建设背景

管理和内勤实际工作中需要频繁登录多个系统，账号密码多次输入降低员工的工作效率。供电所涉及多专业系统，且系统间"壁垒"造成数据不互通，存在数据跨系统查询、多系统数据重复录入等问题。

2. 建设目标

建设省级统一的数字化供电所全业务平台（一平台），集成营销、设备、安全监管、物资、人资、党建等各专业供电所常用系统，实现多系统单点登录、跨系统数据共享，为管理看板与各项业务助手建设提供平台基础。

3. 建设内容

基于乡镇供电所及班组一体化系统等建设成果，依托客户服务业务中台建设"一平台"，集成供电所各专业常用系统，贯通各专业数据，通过"一账号"在"一平台"实现多系统单点登录、跨系统数据共享，解决供电所多系统重复登录及数据"烟囱"问题；构建看板与业务助手，辅助管理、内勤人员开展供电所日常管理与业务处理，提升供电所工作效率和管理水平。

4. 应用功能

在客户服务业务中台上线前，基于乡镇供电所及班组一体化系统等已有信息化建设成果进行数字化改造，构建数字化供电所全业务平台，贯通稽查、95598、采集等业务系统，夯实单点登录、一键跳转等基础能力，打造管理看板、内勤助手等场景应用，并考虑客户服务业务中台上线后迁移。

客户服务业务中台上线后，将已建成的数字化供电所全业务平台各项功能、场景应用迁移至客户服务业务中台（可保留独立的登录入口），通过客户服务业务中台贯通与各专业系统的接口。原则上数字化供电所全业务平台不对原系统业务进行处理，所有业务处理均以原系统为主。

（1）平台集成方式。根据各系统业务类型特性分别采取页面集成和数据集成方式，在客户服务业务中台上线前，将各专业系统数据调用至供电所数据单元，支撑内外勤作业流转。工作过程中产生的评价结果、自主派单和处理结果等数据存储于供电所数据单元。客户服务业务中台及数据中台上线后，作为平台唯一的数据来源与数据存储单元。

未上线客户服务业务中台的"一平台"业务架构如图1-17所示。基于客户服务业务中台的"一平台"业务架构如图1-18所示。

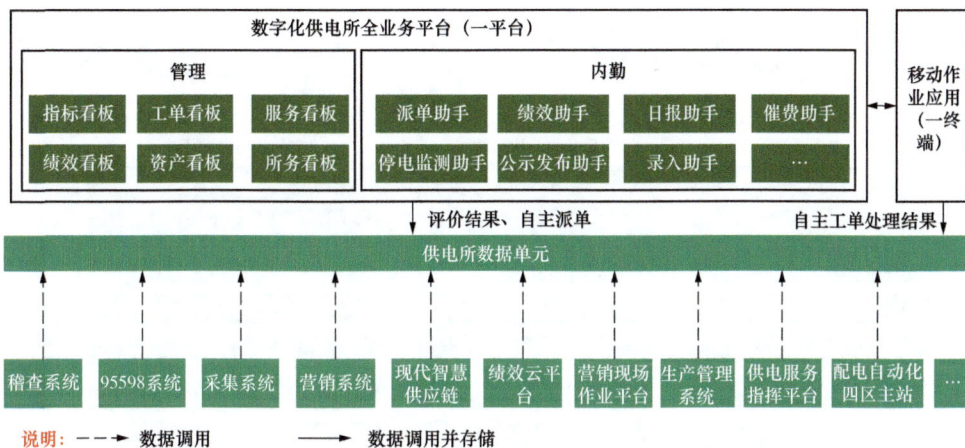

图 1-17　未上线客户服务业务中台的"一平台"业务架构图

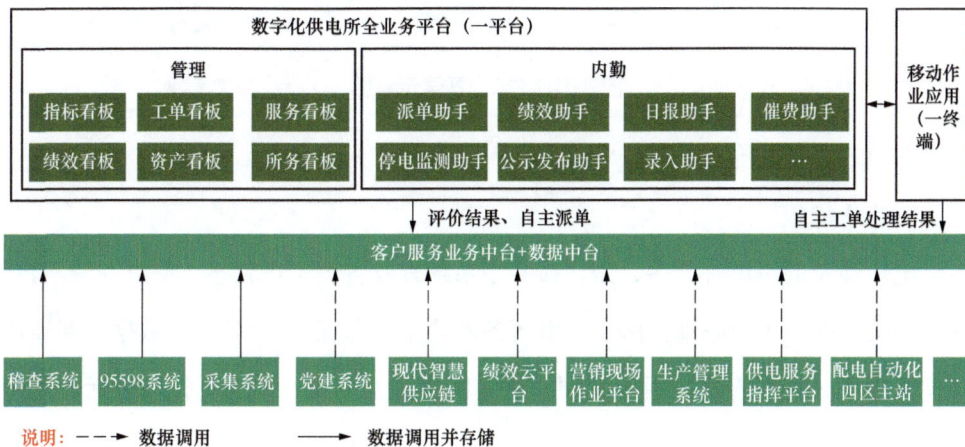

图 1-18　基于客户服务业务中台的"一平台"业务架构图

（2）系统登录模式。基于数字化供电所全业务平台打造多系统"一账号"单点登录模式。登录"一平台"后，通过 ISC 票据协议校验机制，判断逻辑请求合法性与登录时效性，免输入账号及密码自动跳转至目标系统，实现"一账号一次登录"，解决供电所多系统重复登录问题。单点登录如图 1-19 所示。

1.3.3　一工单

供电所综合业务数字化平台中"我的工单"汇集了各业务系统常用工单，通过"我的工单"实现各系统工单统一预警、一屏通览，支持直接跳转至原有系统处理工

图 1-19 单点登录示意图

单，支撑绩效线上评价。

1. 建设背景

供电所涉及的工单种类多，需切换多个系统查看各类工单状态，信息查看不直观、操作不便捷，缺少工单临期提醒。供电所各专业系统存在"壁垒"，因数据不互通造成业务多头派工、现场多次往返等问题。供电所内派工多通过口头安排、电话通知等方式，缺少工单化记录和提醒，无法全面记录员工工作情况。

2. 建设目标

完成各专业系统工单整合归并，打造供电所统一的业务工单池，统一展示、预警各专业工单状态，以工单驱动业务，实现供电所全业务工单统一闭环管控、绩效线上评价，推动业务工单化、工单数字化、数字绩效化。

3. 建设内容

未上线客户服务业务中台的单位，依托数字化供电所全业务平台打造供电所工单池（工单中心），汇集各系统"系统计划类""所务临时类""预警督办类""95598服务类"等4大类工单，服务于管理、内勤、外勤人员，具备工单展示、查询、派发、召回、转派、合并、预警提醒、评价功能，实现供电所全部业务以工单驱动、留痕、评价。已上线客户服务业务中台的单位将统一工单中心作为供电所唯一工池，已汇聚的其他业务系统工单全面接入统一工单中心。常见业务工单参考明细如表 1-10。

表 1-10   常见业务工单参考明细表

工单类别	业务划分	任务大类	任务子类	数据来源
系统计划类	业扩接入	低压非居民新装增容	上门服务	营销系统
		低压非居民新装增容	设备领用	营销系统
		低压非居民新装增容	装表接电	营销系统
		低压居民新装增容	上门服务	营销系统
		低压居民新装增容	设备领用	营销系统
		低压居民新装增容	装表接电	营销系统
		低压批量新装	装表接电	营销系统
		高压新装增容	设备领用	营销系统
		高压新装增容	现场勘察	营销系统
		高压新装增容	计量设备装拆	营销系统
		高压新装增容	中间检查	营销系统
		高压新装增容	竣工验收	营销系统
		高压新装增容	送电	营销系统
		合同履约管理	合同违约调查	营销系统
		计量设备故障处理	设备领用	营销系统
		计量设备故障处理	现场勘察	营销系统
		计量设备故障处理	计量设备装拆	营销系统
		减容	上门服务	营销系统
		减容	设备领用	营销系统
		减容	计量设备装拆	营销系统
		减容	验收送电	营销系统
		减容恢复	上门服务	营销系统
		减容恢复	设备领用	营销系统
		减容恢复	计量设备装拆	营销系统
		减容恢复	设备启封	营销系统

续表

工单类别	业务划分	任务大类	任务子类	数据来源
系统 计划类	业扩接入	居民峰谷电变更	现场特抄	营销系统
		社会困难人群优惠用电维护	审核/审批	营销系统
		销户	上门服务	营销系统
		小区新户通电	合同签订及送电	营销系统
		暂停	设备封停	营销系统
	运行管理	计量设备更换	装拆调试	营销系统
		异常处理	装拆调试	营销系统
	服务体验管理	现场服务	现场服务	营销系统
		营业普查	现场普查	营销系统
	客户服务	客户电力服务查询咨询	业务咨询（表扬）	营销系统
		客户电力服务催办	服务催办	营销系统
		客户电力服务举报	服务举报	营销系统
		客户电力服务投诉	服务投诉	营销系统
		客户电力服务意见（建议）	服务意见（建议）	营销系统
		客户电力业务申请	服务申请	营销系统
	量费核算	量费异常管理	示数补采	营销系统
	线损管理	线损异常管理	异常处理	营销系统
	标签目录	标签目录	标签目录维护	营销系统
	标签维护	标签维护	标签维护	营销系统
	客户诉求管理	服务诉求登记	服务诉求登记	营销系统
	营销服务	计量采集	计量验收	营销系统
		计量采集	低压现场校时	营销系统
		计量采集	自动化异常处理	营销系统
		计量采集	中压计量异常处理	营销系统
		计量采集	中压采集故障处理	营销系统
		用电检查	违约用电查处	营销系统
		用电检查	营销稽查	营销系统
		用电检查	高压客户周期用电检查	营销系统

续表

工单类别	业务划分	任务大类	任务子类	数据来源
系统计划类	营销服务	供电服务	保供电服务	营销系统
		抄表催费	电费催收	营销系统
	运检业务	配电网运维	中压线路巡视	供服系统
		配电网运维	中压线损异常处理	一体化电量与线损管理系统
	综合事务	故障抢修	故障现场服务	供服系统
		故障抢修	配电变压器故障	供服系统
		故障抢修	主线故障	供服系统
		故障抢修	分线故障	供服系统
95598服务类	95598客户服务系统	95598工单	投诉工单	95598系统
		95598工单	意见工单	95598系统
		95598工单	抢修工单	95598系统
		95598工单	业务咨询工单	95598系统
所务临时类	运维检修	工程管理	业扩工程协调	自主派单
		工程管理	工程验收	自主派单
		工程管理	配电网工程勘察	自主派单
		工程管理	配电网工程协调	自主派单
		配电网检修	带电作业配合	自主派单
		配电网检修	停电作业配合	自主派单
		配电网运维	通道清障	自主派单
		配电网运维	配电网信息普查	自主派单
		配电网运维	标识牌运维	自主派单
		配电网运维	低压巡视	自主派单
		配电网运维	低压缺陷	自主派单
		配电网运维	配电低电压	自主派单
		配电网运维	配电变压器高电压	自主派单
		配电网运维	配电变压器过载	自主派单

工单类别	业务划分	任务大类	任务子类	数据来源
所务临时类	运维检修	配电网运维	配电变压器重载	自主派单
		配电网运维	配电变压器严重不平衡	自主派单
		配电网运维	设备与终端无通信	自主派单
		配电网运维	终端告警过多	自主派单
		配电网运维	终端任务异常	自主派单
		配电网运维	终端时钟异常	自主派单
		配电网运维	终端与主站无通信	自主派单
		配电网运维	总保闭锁	自主派单
		配电网运维	漏保跳闸	自主派单
		配电网运维	配电变压器故障停电	自主派单
	所务管理	综合服务	台区资料收集	自主派单
		电气化村	电气化村申报	自主派单
		光明驿站	光明驿站申报	自主派单
		考勤休假	休假	自主派单
		人员机构	员工花名册	自主派单
		问卷调查	问卷	自主派单
		意见管理	意见申诉	自主派单
		融合仓管理	临时权限	自主派单
		外包项目管理	外包项目管理	自主派单
		会议及活动	会议	自主派单
		会议及活动	活动意见收集	自主派单
		后勤管理	食堂事务处理	自主派单
		库房管理	领退工器具、备品备件	自主派单
		物资领退管理	领退物料、表计、办公用品等	自主派单
		其他综合类事项	送文件、签字	自主派单
			张贴宣传标语	自主派单
			车辆加油	自主派单

续表

工单类别	业务划分	任务大类	任务子类	数据来源
所务临时类	所务管理	其他综合类事项	线路下树木迁移	自主派单
			外出开会	自主派单
			出差培训、集中办公、参加联合检查	自主派单
			银行存款	自主派单
预警督办类	预警督办	工单预警	一次预警	自主派单
		工单预警	二次预警	自主派单
		工单督办	超期督办	自主派单

4. 应用功能

供电所工单池汇聚营销业务应用系统、用电信息采集系统、95598 客户服务系统、供电服务指挥系统等专业系统业务工单，同时开展所内自主工单生成管理，支持全部工作工单化，工单全流程查询、预警、督办、评价等。"一工单"业务架构如图 1-20 所示。

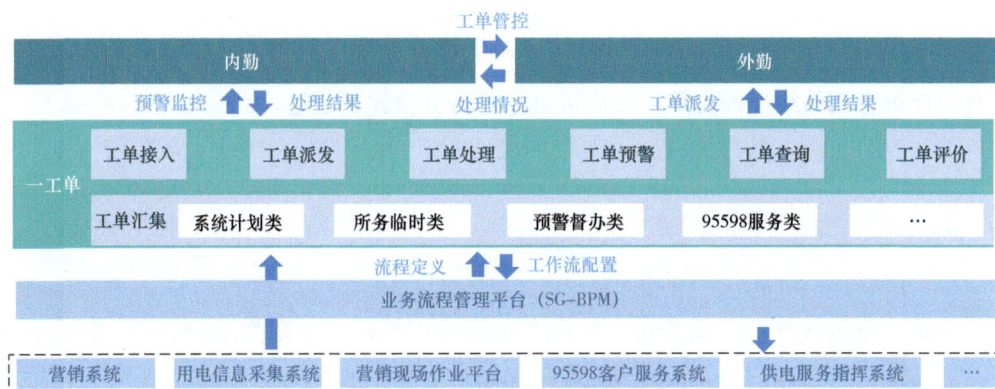

图 1-20 "一工单"业务架构图

（1）工单集成方式。采用服务调用或接口方式，实时接入各系统营业业扩、电费抄核、稽查、客户服务类、计量设备主人制、一台区一指标、采集闭环、反窃电等营销业务工单，以及电网资源业务中台和供电服务指挥系统的设备巡视类、主动运检等计划类工单和 95598 抢修、主动抢修工单，按照工单绩效化和预警提醒需要，保存工单环节和工作量信息。其中，客户服务业务中台工单可在统一工单中心完成处理，其他系统原则上不改变原系统业务逻辑，跳转至原系统相关页面处理。

（2）所内自主工单生成。梳理专业工单外的供电所工作内容，统一所务工单的定义和编码方式，实现日常所务工作工单化。按照营业业务、计量管理、采集线损、客户服务、新型业务、电网运维、故障处理、工程管理、安全管理、所务工作等类型打造自主工单，包含工单类型、工作内容、工单处理人、时间要求等主要元素，实现所内任何场景、任何业务都以工单驱动、工单到人、工单留痕、工单评价。

（3）工单查询方式。根据工单来源、工单编号、生成时间、作业内容、工作负责人、作业类型、时限要求、工单状态、预警信息等条件，对工单进行综合统计和查询展示，展示内容包括工单来源、作业类型、工单编号、关联计划编号、工单优先级、生成时间、完成时间、工单负责人、预警状态等内容，并支持工单位置轨迹查看、关联工作票、物料信息、派车单等。

（4）工单提醒方式。根据工单类型、紧迫程度等构建工单预警机制，包括预警时间、方式，可通过颜色、短信、公告等方式（所务及网格工单增加语音提醒方式），推送供电所全部工单环节时限预警信息至外勤人员，提醒及时完成工单处理。

（5）工单评价方式。按照执行效率、作业安全、处理质量、工作轨迹、客户评价等维度对供电所全部类型工单进行评价，其中执行效率以工单是否超时为依据进行系统自动评价，其他维度评价默认分值可自主进行分值比例设置。

1.3.4　一终端

外勤人员现场作业只需携带一个融合各专业现场作业应用的手持装备，最终目标是只保留手机作为移动作业终端进行现场作业。

1. 建设背景

供电所应用的作业终端多，不同专业要求应用本专业专用终端，携带不便；移动应用多，涉及营销移动作业、数据采录、供电服务、阳光业扩等多个内外网移动应用，现场业务处理需频繁登录多个移动应用，应用入口多、操作烦琐、体验较差；传统内网终端性能较差，数据传输效率较低。

2. 建设目标

在"i 国网"App 或"网上国网"App 汇聚供电所全部内外网移动应用,建立手机端个人工作台,实现移动作业应用一个入口,增加完善"点、选、扫、拍、签"等功能,推动外勤人员现场作业业务线上化,实现"一机通办、一次办结",减轻基层人员负担。

3. 建设内容

遵循国家电网有限公司安全防护体系,贯通终端与数字化供电所全业务平台及原业务系统数据,确保手机端与平台端数据同源,基于"i 国网"或"网上国网"微服务技术架构,逐步完成内网移动作业 App 迁移至外网。依托手机背夹硬件支持,将外网移动作业 App 统一整合至"i 国网"App 或"网上国网"App,融合人脸识别、语音识别、光学字符识别(OCR)、电子签名等技术,形成"个人手机 + 背夹"作业新模式,减少现场作业设备携带数量,提升业务响应能力。"一终端"业务架构如图 1-21 所示。

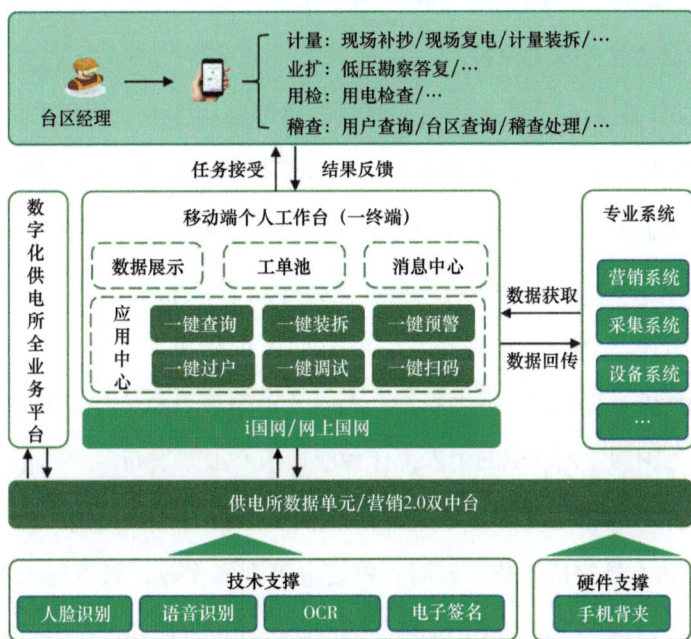

图 1-21 "一终端"业务架构图

4. 应用功能

(1) 个人工作台构建。基于员工个人指标、绩效、日(月)报及所务等相关数据,在"i 国网"或"网上国网"建立手机端个人工作台,打造数据展示、工单池、消息中心与应用中心等功能,并与数字化供电所全业务平台及工单池数据同源,实现手机端数据的集中展示与业务集中处理，支撑外勤人员现场作业。

1）数据展示。以柱状图、扇形图等图表形式对个人指标、绩效等数据进行直观展示，以列表形式对日（月）报、所务等信息进行展示，下钻可查看日（月）报、所务详细信息。

2）工单池。用于接收派发的工单，优先显示超期、督办工单，可查询不同状态工单，下钻可查看工单详细信息，并对待办工单进行处理。

3）应用中心。汇集供电所营销移动作业、数据采录、供电服务、阳光业扩等各类移动微应用，统一应用入口，解决应用入口多、操作烦琐等问题。

4）消息中心。对接收到的督办、超期工单及个人指标异常等情况进行消息提醒，提醒外勤人员及时处理。

（2）移动应用整合迁移。充分整合供电所现有营销、设备等专业移动作业场景应用，在不改变原有业务流程与原系统接口情况下，将营销、设备等专业 App 以微应用方式在"i 国网"App、"网上国网"App 汇集，打造一套整合多专业功能的移动作业应用，实现现场作业全业务线上流转。

1）内网移动作业 App 迁移。将内网既有的营销移动作业、闭环采集（现场补抄、校时、复电）、数据采录、计量现场作业安全管控等移动作业 App 按照"i 国网"App 或"网上国网"App 的技术架构进行微服务化改造，迁移至"i 国网"App 或"网上国网"App 中的个人工作台应用中心。

2）外网移动作业 App 整合。将外网既有的掌上供电服务、阳光业扩等移动作业 App 按照"i 国网"App 或"网上国网"App 技术架构进行微服务化改造，在"i 国网"App 或"网上国网"App 中的个人工作台应用中心上架发布。

（3）手机应用功能优化。依托个人手机、背夹支撑，完善"点、选、扫、拍、签"等功能，支撑外勤人员完成采集、校时、停复电等现场作业，减少现场作业设备携带数量。按需开展"i 国网"与"网上国网"平台运行环境资源增配扩容，确保外网移动作业 App 平稳运行。

1.3.5 一工具

围绕日常供电所信息填报、报表统计、业务核查、指标监控等机械性、重复性工作，广泛应用多维分析报表、数据挖掘模型、流程机器人（RPA）进行替代，利用数字化技术手段减少基层重复劳动，避免人为差错，赋能基层员工减负提效。

1. 建设背景

现有营销、安全监管、设备等专业系统数据协同流转不畅，系统易用性和自动化程度待提高，供电所人员在开展业务过程中多系统切换、多系统查询、周期性操作等情况普遍存在，重复性高且耗时，容易遗漏出错，造成业务延迟。

2. 建设目标

聚焦供电所核心业务，打造面向供电所的 RPA 机器人工具，实现一个供电所至少有一个 RPA 工具，至少有一人会用 RPA 工具，至少有一个在用的 RPA 场景。

3. 建设内容

以供电所业务流程中需人工操作、机械重复的数据录入、汇总统计和监控预警等业务需求为导向，推进供电所 RPA 工具配置，创新培养模式，培育供电所 RPA 应用人才，推动 RPA 典型应用落地推广，加强 RPA 应用安全防范，实现基层员工减负和管理效能提升。

4. 应用功能

梳理供电所营销、设备、数字化及其他专业 RPA 场景应用需求，利用公司企业级 RPA 平台，建立面向供电所的多场景 RPA 工具，依托数字化供电所全业务平台实时展示 RPA 工具应用情况，按照设备部署、典型场景、使用状态三个维度对 RPA 使用频次和进程进行实时监测和分析管控，分专业、系统、场景、状态展示相关信息。RPA 工具架构如图 1-22 所示。

（1）推进供电所 RPA 工具配置。充分考虑各单位业务实际与资源禀赋，利用公司统推 RPA 工具及服务化组件等资源，通过自研、RPA 测试等多种方式，推进供电所 RPA 工具配置，每个供电所配备一套 RPA 工具，要求包括设计器与执行器，为供电所利用 RPA 开展场景建设奠定工具基础。

（2）培育供电所 RPA 应用人才。依托国网学堂及各单位现有培训与成果共享平台，建设供电所 RPA 应用频道，搭建 RPA 应用共享交流机制。组织 RPA 应用技能培训、成果分享与典型经验交流等活动，为基层供电所提供多种形式的 RPA 应用技术支撑，每个供电所培养一名会用 RPA 工具的员工，提升供电所业务人员 RPA 应用能力。

图 1-22 RPA 工具架构图

（3）推广供电所 RPA 典型应用。围绕供电所日常工作中高频高量、效率低易出错、操作烦琐、机械复杂的应用场景，梳理提炼受众面广、业务价值高、应用效果好的供电所典型应用成果，每个供电所推广一个在用的 RPA 场景，构建面向供电所业务人员的 RPA 典型应用场景库，提供 RPA 应用成果简介、建设过程、工程文件等成果资料，方便供电所按需选取需求场景部署应用。

（4）加强 RPA 应用安全防范。从数据完整性、日志追踪、操作权限划分、产品安全、账号安全、业务流程安全、数据保护等方面加强 RPA 应用安全防护，建立 RPA 安全管控机制，细化 RPA 场景安全要求，定期对 RPA 应用进行安全核查，针对 RPA 高频操作、账号共享等存在的潜在风险，做好系统安全加固与运行监测，确保业务系统安全稳定运行；规范 RPA 应用审核流程，明确 RPA 功能应用禁区，避免 RPA 应用于必须由人工操作、确认、审核的流程环节。

（5）RPA 典型场景。

1）复电自动监控及提醒。

a. 工作背景：欠费停电用户缴费后系统会自动下发复电指令，但是存在个别指令下发失败导致无法复电的情况，因此需要人工逐户筛查欠费用户的送电信息，由于涉及的数据量较多，给基层人员带来了大量的重复劳动，同时存在客户投诉的风险。

b. 主要做法：利用 RPA 自动在营销业务系统查询欠费用户的费控复电情况，实时监控复电失败用户，并自动切换至用电采集系统进行复电操作，将复电失败的操作信息通过邮件等方式通知相关人员，支撑工作人员开展复电监控与管理。

c. 实现流程：通过营销业务系统，点击菜单进入"停复电管理"功能页面；输入查询条件，获取已缴费复电未成功的用户明细；将复电失败的用户信息导出至 Excel 表格；输入账号密码，识别验证码并登录用电采集系统，点击菜单进入"费控管理"页面；依次输入用户信息，确认用户的继电器状态，并执行复电操作；将复电执行结果回填至用户列表中；筛选出复电失败的用户并通过 OA 进行通知。

2）台区线损异常指标监控。

a. 工作背景：极少数台区线损异常困扰着一线工作人员，高损、负损台区原因各异，难以逐一排查，耗费大量人力但收效甚微，需要利用 RPA 技术辅助开展台区线损监控预警及异常分析。

b. 主要做法：利用 RPA 在营销 2.0 系统查询计算各供电所线损达标情况，自动生成台区线损汇总报表及问题台区明细清单，并对线损超阈值台区通过内网邮箱进行预警，实现线损的自动汇总、分析与预警，支撑供电所管理人员开展台区线损监控与管理。

c. 实现流程：通过营销 2.0 系统点击菜单进入"台区线损查询"功能页面；输入查询条件，获取台区线损明细数据；根据台区线损历史情况生成高损、负损台区清单，并导出至 Excel 表格；查询台区历史异常处理方式，生成异常排查策略并回填至表格中；将高损、负损台区及推荐的异常排查策略通过 OA 发送至相关业务人员。

3）高压用户（暂）减容工单超期预警监测。

a. 工作背景：营销系统无（暂）减容工单的时限预警功能，是通过人工进行反复查询，但是系统工单数量较多，给工作人员带来了大量的工作负担，且存在工单处理不及时的风险和隐患。

b. 主要做法：利用 RPA 在营销业务系统自动查询统计达到回单预警阈值的（暂）减容业务工单，并针对将要逾期的工单，通过内部沟通渠道或短信等方式发送督办提醒，避免工单处理时长超期，支撑营销服务管理人员工单处理。

c. 实现流程：通过营销业务系统，点击菜单进入"高压用户（暂）减容工单处理"

页面；输入查询条件，获取高压用户（暂）减容工单的明细数据；根据业务规则生成本月将要逾期的工单，并导出至 Excel 表格；将生成的工单表格通过 OA 发送至相关业务人员。

4）电费预警短信通知。

a. 工作背景：居民用户账户电费余额不足时会导致自动断电，导致用户体验不佳，因此需定时监测辖区范围用户的电费余额，并根据用户历史用电情况测算未来一定周期是否存在欠费风险，由于涉及的用户数量众多，给基层人员带来了不必要的工作负担。

b. 主要做法：利用 RPA 在营销业务系统自动查询辖区范围用户的电费余额，并根据用户历史用电情况测算未来一定周期是否存在欠费风险，通过短信的方式给用户发送提醒短信，支撑电费回收管理。

c. 实现流程：通过营销业务系统，点击"电费收缴"，选择"费控管理"→"费控每日测算信息查询"；依次导出当天、前一天及 5 天前的用电详细信息；依次计算每个用户前 5 日的用电总量；测算当前余额是否满足未来 7 天的应用需求；对可能出现欠费的用户发送短信通知。

5）采集数据漏抄查询补招。

a. 工作背景：工作人员每天需要登录用电信息采集系统对异常的电能表数据进行召测并记录召测结果，对于召测失败的，需要记录失败原因，并去现场进行故障排查，此工作重复性高，操作步骤单一，造成了不必要的人力资源浪费。

b. 主要做法：利用 RPA 在用电信息采集系统定期查询采集失败的测量点，自动对采集失败电能表的失败数据项逐一进行补招，并生成补招结果记录，发送给相关工作人员进行处理，提升用电数据采集完整率。

c. 实现流程：通过用电信息采集系统，进入"数据召测"功能界面；查询当日需召测的电能表终端数据，并导出至 Excel 表格；依次对终端进行补招操作，并记录补招结果和异常原因；筛选出补招失败的电能表清单；通过 OA 邮箱将补招异常清单发送至相关的业务人员。

第2章

CHAPTER 2

数字化供电所高频应用场景

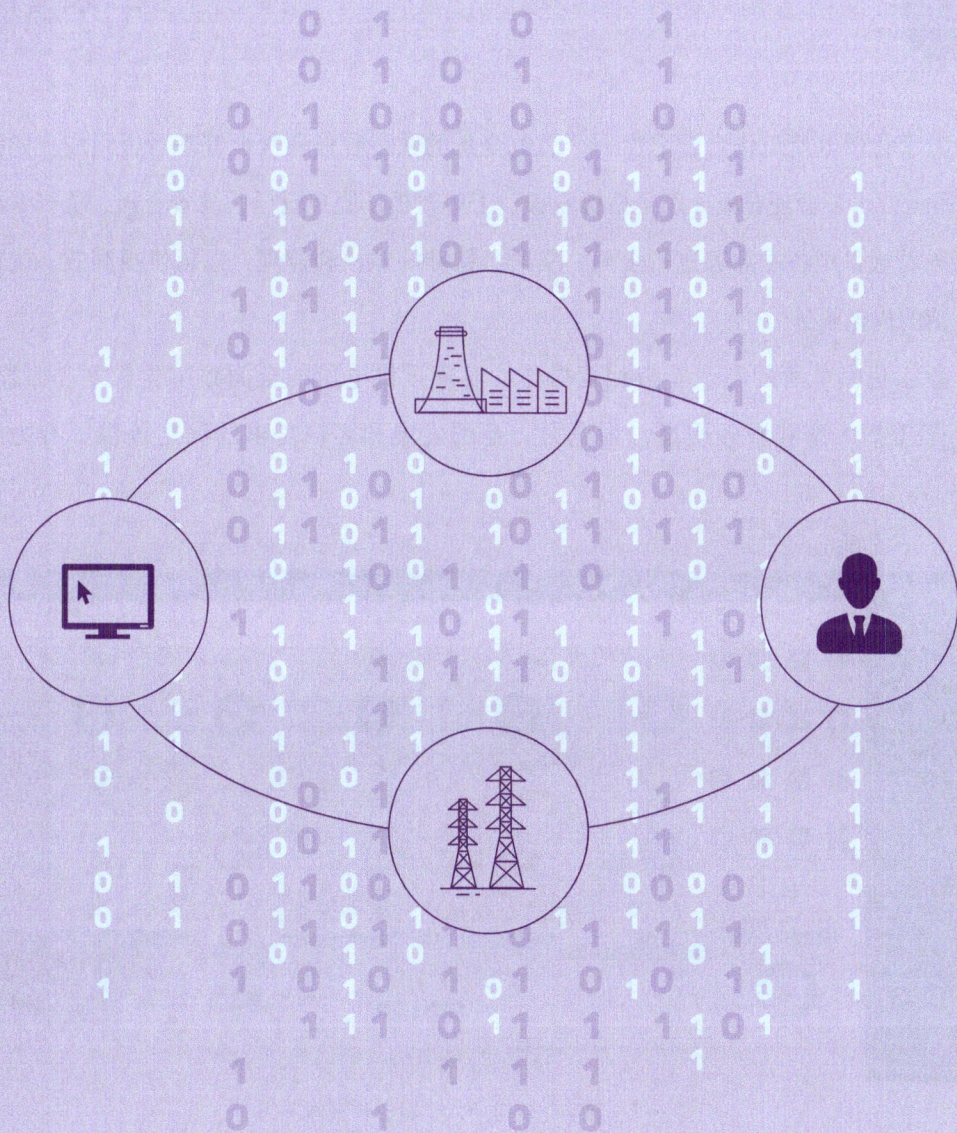

数字化供电所，是一种采用先进的信息技术，对供电所业务流程进行数字化处理的创新型供电所模式。它通过自动化、智能化的方式，提高供电服务的效率和质量，优化员工工作体验。其中，高频应用场景是指在数字化供电所中，使用频率较高的业务和服务，如电力供应、电费结算、报修投诉等。这些高频应用场景是数字化供电所的核心业务，也是电力员工使用数字化供电服务的主要途径。

2.1　七个看板

数字化供电所工作台，它由一个总览全景的数字看板和六个管理看板组成。如图2-1所示，六个管理看板分别是指标看板、工单看板、服务看板、绩效看板、资产看板和所务看板，对各项业务进行全面、实时、精准的监控和管理，以提供更高效、优质和便捷的供电服务。

数字化供电所的七个看板相互协作，实现了供电所的全面数字化管理和监控，提高了工作效率和服务质量，为电力行业的发展和客户需求的满足提供了有力的支持。

图2-1　数字化供电所六个管理看板概况

2.1.1 数字看板

数字看板是对供电所整体情况的总览展示。它能够展示供电所概况、简介、班组情况，网格服务区域、供电每月的排名情况，十项运营指标的情况，为供电所的日常管理提供有力支持。

1. 数字看板概述

数字化供电所的数字看板是供电所运营的核心组件之一，它通过集成供电所的各种数据和信息，提供一个总览供电所运营全貌的视图。这个数字看板不仅提供了对供电所各种运营数据实时监控和可视化的功能，同时也为供电所的管理和决策提供了强大的支持。

2. 数字看板的内容

主要展示供电所总览情况，关于供电所概况、简介、班组情况，网格服务区域、供电每月的排名情况，十项运营指标的情况可以根据实际情况进行自助地调整与编辑，可以在对应的板块位置编辑文字与上传图片文件。如图 2-2 所示，左上板块为供电所概况、简介，右上板块为班组情况，左下板块为网格服务区域，中下板块为十项指标，右下板块为供电所排名。

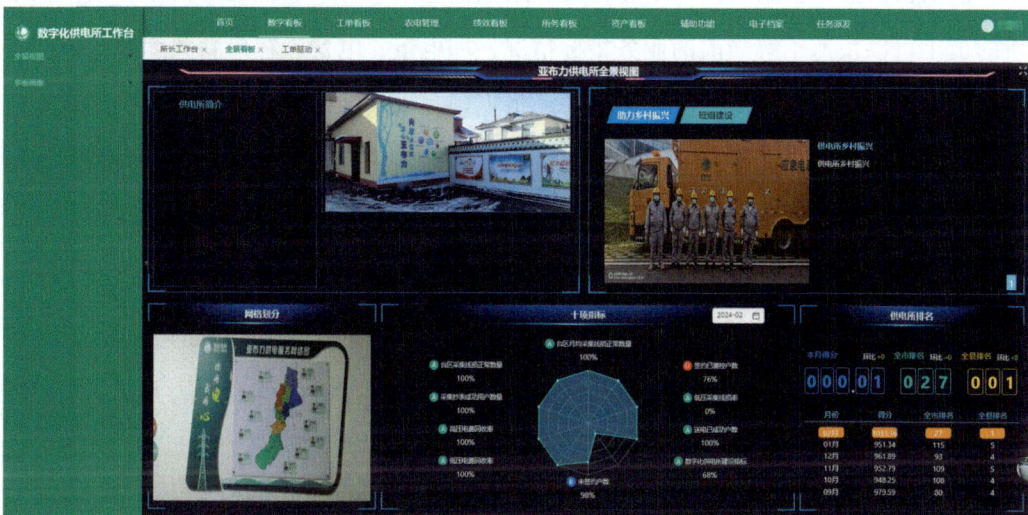

图 2-2　数字看板

系统路径："数字化供电所工作台"页面顶端工具栏"数字看板"；点选"数字看板"，左侧栏显示"全景看板""内容管理"；点选对应模块，右侧展示板显示对应模块下的内容。

3. 数字看板的意义

数字看板是一个集数据采集和展示于一体的可视化平台，数字看板可以显示关键数据，能够清晰地呈现供电所的运营状态。通过数字看板，供电所可以更加直观、全面地了解自身运营状况，及时调整策略，优化资源配置，提高运营效率，有助于供电所的稳定运营，提升服务质量。数字看板对于供电所的运行和管理具有重要意义。

2.1.2 指标看板

指标看板是对供电所各项业务指标的实时监控和展示，包括电量销售、线损率、故障处理及时率等，帮助管理人员及时了解指标完成情况并进行调整。

1. 指标看板的概述

在数字化供电所的高频应用场景中，指标看板是一个重要的组成部分，主要用于展示各项业务指标的情况。指标看板是一个数据可视化工具，能够整合多个系统的数据，包括营销业务应用、供电服务指挥和用电信息采集等系统。通过指标看板，供电所的员工可以快速了解当前的业务指标情况，如电量、电费、客户满意度等。指标看板还可以对历史数据进行趋势分析，帮助员工预测未来的业务趋势，从而更好地制定相应的策略和计划。此外，指标看板还可以与其他系统进行集成，实现数据的共享和交互，进一步提高了供电所的业务管理水平。

2. 指标看板的内容

主要用于展示供电所十项业务指标的情况。它能够整合多个系统的数据，包括营销业务应用、供电服务指挥和用电信息采集等系统，通过数据可视化的方式，实时反映供电所全域指标的情况。

系统路径："数字化供电所工作台"页面顶端工具栏"指标看板"；点选"指标看板"，左侧栏显示"指标监测预警""95598 工单查看""台区网格化管理""责任优速查看"；点选对应模块，右侧展示板显示对应模块下的内容。

（1）业务描述，本业务项展示省 – 市 – 县 – 所 – 台区经理的相关指标数据，以及构成该指标的基础数据，并根据预警策略，对超预警值数据进行预警。

（2）指标情况，点击平台图 2-3 的"指标看板"模块，"指标监测展示"，可查看指标总体情况。

图 2-3　指标看板路径图示

在左侧组织机构树选择被查看单位的指标情况，例如，查看"城郊供电所指标情况"，则可查看到城郊供电所下属班组的指标情况。

（3）异常预警：如图 2-4 所示，指标看板能够监控指标情况，按台区经理姓名、供电所十项专业内容对指标进行监控预警，以明细列表的方式展示个人完成指标情况。这有助于供电所及时发现并解决问题，提高业务管理的效率。

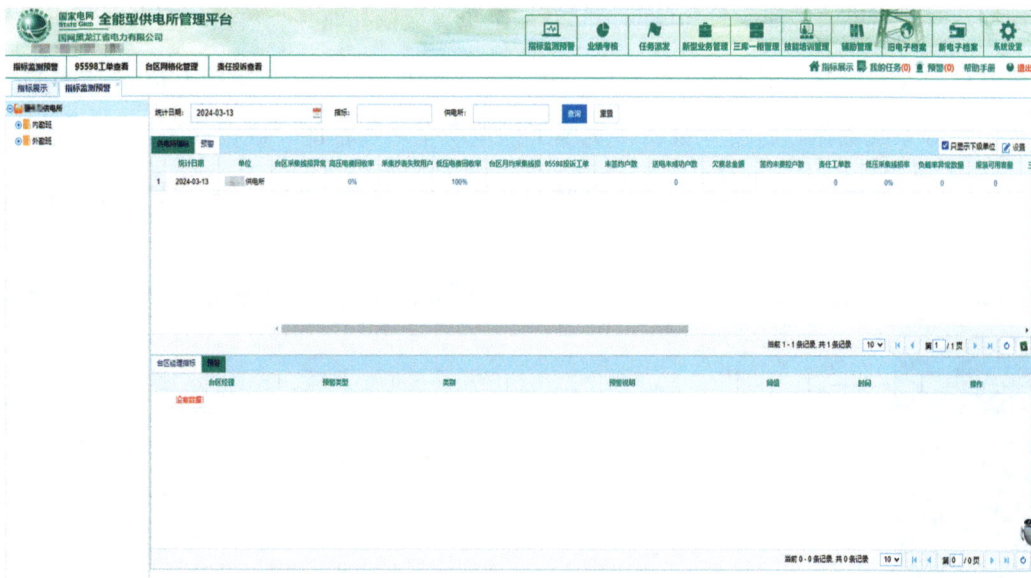

图 2-4　指标看板

3. 指标看板的意义

指标看板为供电所的日常管理和决策提供了重要的数据支持。指标看板主要进行实时监控和分析，例如高损台区、负损台区、居民大电量、计量点异常等。而指标看板的意义在于，它能够将这些指标进行实时监测分析，以一种直观的方式呈现出来，从而帮助供电所员工更好地理解并优化这些指标。指标看板可以展示各项关键指标的实时数据，比如台区线损、设备负载等。通过观察这些数据，员工可以及时发现供电所运营中的问题，如线损异常、设备过载等，并采取相应的措施进行解决。这不仅可以提高供电所的运营效率，也可以保障供电设备的稳定运行，降低故障发生的可能性。

2.1.3　工单看板

工单看板是展示正在处理的工作单据，包括工单类型、数量等，方便工作人员及时了解工作情况并进行处理。

1. 工单看板的概述

工单看板如图 2-5 所示，它主要解决了供电所在实际工作中监控不到位、异常处理不及时及指标管控能力较为薄弱等问题。工单看板依托业务、数据"双中台"架构，通过打通专业壁垒，利用数字化管控平台，对营销业务应用、供电服务指挥、用电信息采集等系统数据进行交互分析，实现了供电所全域指标的"数据同源、统一计算、分级汇总、逐级展示"。工单看板不仅展示了供电所的各项指标，还针对异常数据进行

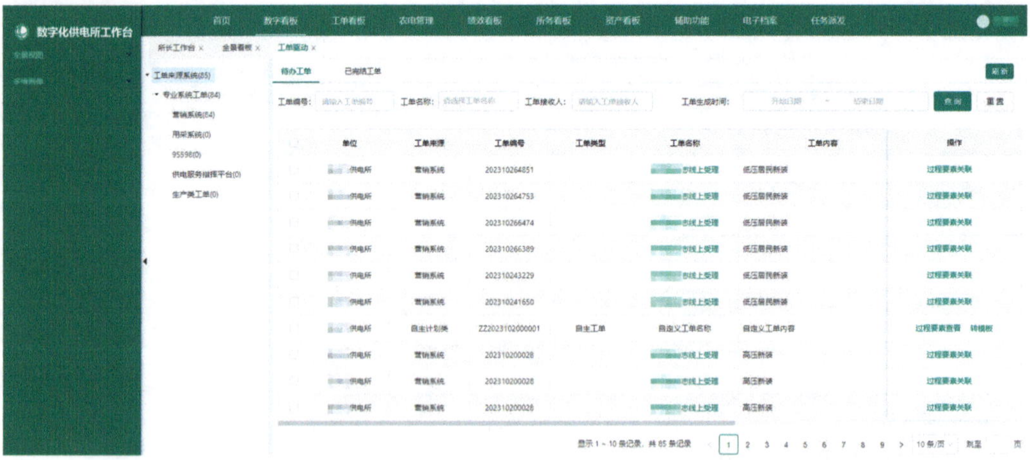

图 2-5　工单看板

了预警公告。通过看板数据，员工可以清晰查看当前辖区网格的情况。随着数字看板与展示大屏、个人计算机（PC）、手机等终端实现交互贯通，供电所的管理人员和员工可以通过手机移动端随时查看相关业务数据，实现了作业移动化，快速响应突发情况，极大地提升了整体办公效率。

2. 工单看板的内容

工单看板提供了全面、实时、便捷的数据展示和预警功能，以工单驱动，实现业务流程的高效运转，主要功能是有助于供电所提升服务质量和管理效率。

系统路径："数字化供电所工作台"页面顶端工具栏"工单看板"；点选"工单看板"，左侧栏展示功能项——"图上作业""自主工单""工单中心""工单反馈""模板管理""工单反馈""模板管理""工单评价""工作量统计"。

（1）工单中心。如图 2-6 所示，主要展示整个供电所的全部工单内容，左侧树状架构显示工单来源系统，包括专业系统工单与自主工单两大类，其中专业系统工单包括营销系统、用电信息采集系统、95598 客户服务系统、供电服务指挥平台、PMS2.0，自主工单包括自主计划类、临时任务类。

图 2-6　工单中心

（2）自主工单。如图 2-7 所示，主要是用于供电所内部工单任务派发与管控，在该页面下可以自定义设置工单，可以设置 10 种功能项，新增、修改、删除、提交、撤回、再次派发、打印、流程跟踪、转成模板、批量导出。

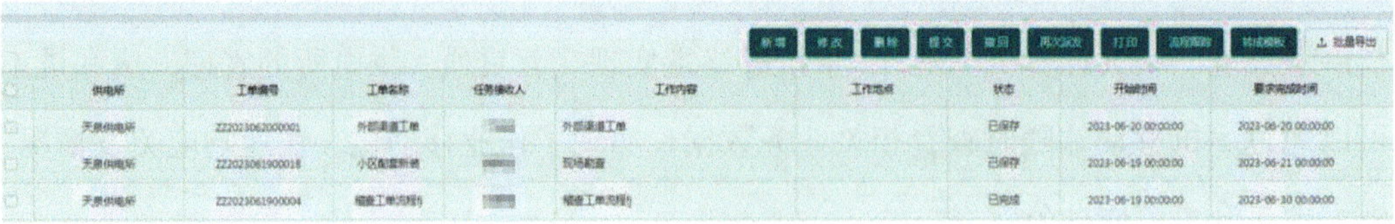

图 2-7　自主工单

（3）工单反馈。如图 2-8 所示，主要是完成自主工单下派的工单任务，使工单任务形成闭环，按工单任务进行逐条反馈，点选工单，点选"反馈"跳转工单回复界面，进行工单回复，完成工单反馈。

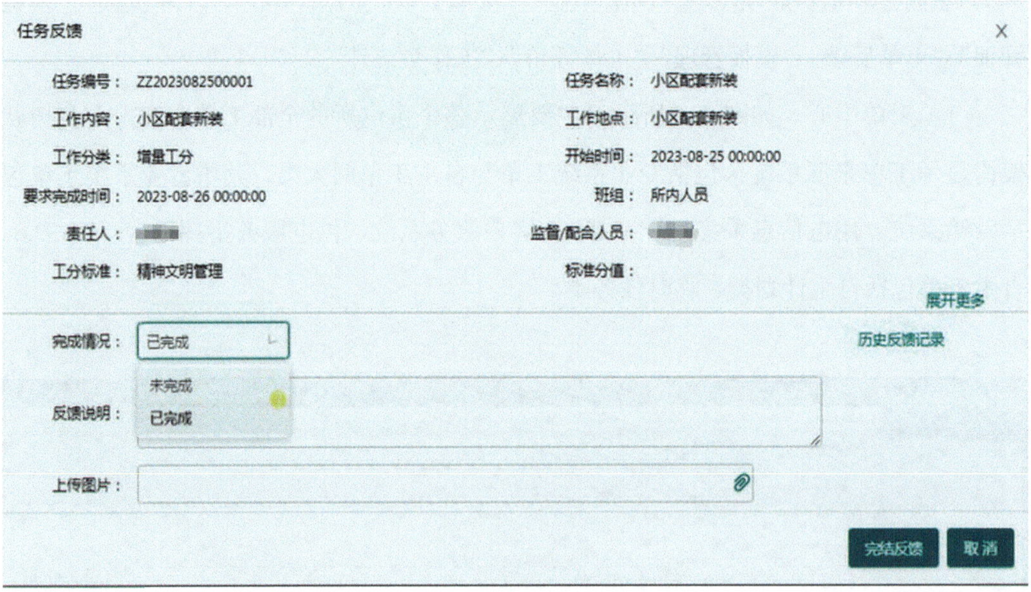

图 2-8　工单反馈

（4）工单评价。如图 2-9 所示，主要是对闭环工单进行任务评价。根据工单反馈的内容，进行该工作的评价，在对应窗格位置，完成评价项内容，"保存""提交"。

（5）智能任务派发。

1）计划管理。在工单看板功能区，进行供电所的工作计划编制，涉及营销业务应用、供电服务指挥、用电信息采集等系统的数据，可自定义编制，工作内容、工作分类、起止时间、班组 / 台区、台区经理，当前状态显示，编制人姓名等基础信息。

2）任务管理。在工单看板功能区，针对不同的工作内容进行任务派工。完成工作内容、目标、工作分类、技能分类、开始时间、要求完成时间、工作班组、台区经理、

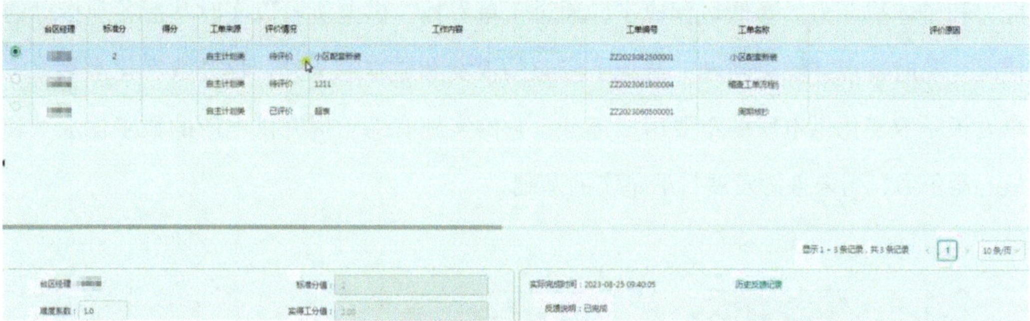

图 2-9　工单评价

监督负责人等信息录入，完成清单式任务派工。

3）业务提醒平台。如图 2-10 所示，在工单看板功能区，展示工单状态的相关数据，例如新工单、即将超期工单、超期工单、超短工单等工单环节呈现，让员工可以清晰查看当前的工单情况，便于更好地了解和掌握工单任务进度。

图 2-10　工单进度

3. 工单看板的意义

工单看板在数字化供电所中的应用，有助于提高管理效率、提升服务质量、增强协同能力、降低运营成本，并且提升了数字化水平，具有重要的意义。提高管理效率，工单看板通过实时展示供电所的各项指标和异常数据，让管理人员可以更加及时、全面地掌握供电所的运行情况，从而更好地进行决策和调度，提高管理效率。提升服务质量，工单看板可以实时展示供电服务的各项指标，包括但不限于客户满意度、故障处理效率等，这有助于供电所及时发现并解决问题，提升服务质量。增强协同能力，工单看板实现了不同部门、不同岗位之间的信息共享和协同工作，增强了团队的协作能力和整体战斗力。降低运营成本，通过工单看板，供电所可以实时掌握各项指标的情况，及时发现并解决问题，避免了资源的浪费和成本的上升。提升数字化水平，工单看板是数字化供电所的重要组成部分，它的实施有助于提升供电所的数字化水平和核心竞争力，为未来的发展打下坚实的基础。

2.1.4　服务看板

服务看板展示客户服务的情况，包括客户满意度、投诉处理、服务响应等，激励工作人员提高服务质量。

1. 服务看板的概述

服务看板负责对客户从 95598 工单渠道反映的投诉、意见（建议）、咨询、报修等工单类别整合统筹，展示工单详细信息，业务流程清晰，过程管理把控，提升供电服务质量的有效途径。服务数字化，实现了供电服务过程中"指挥、协调、分析"一体化运作，是一个智慧的大脑，把供电服务过程中的每一个环节变得更加高效。服务看板是"强前端、大后台"服务新体系的中枢，建设服务看板从业务类别、数据量化、业务流程等方面进行展示，真正发挥了服务看板指挥的核心作用，根据客户需要和季节性变化要求，加强协同指挥，提供全方位的服务管控。

2. 服务看板的内容

服务看板根据工单数据进行综合分析，这些数据可以深入了解客户的需求和问题，可以了解服务过程存在的瓶颈和问题，及时发现和解决客户投诉，提高客户满意度。

系统路径："数字化供电所工作台"页面顶端工具栏"服务看板"；点选"服务看板"，左侧栏显示"服务看板"，右侧栏显示"服务看板明细表"；点选对应模块，右侧展示板显示对应模块下的内容——"投诉工单数""已完成数""待办数""预警超期数"（意见工单、业务申请工单流程相同）；"服务预警"部分显示"频繁停电客户""重复诉求客户""经常投诉客户""回访多次不满意明细"。服务看板如图 2-11 所示。

（1）服务看板展示内容。从供电服务指挥系统获取投诉工单数据，展示所属单位下的投诉、意见、咨询、抢修工单的客户信息、反映内容、联系方式等信息，根据客户反映的内容及性质，所属单位通过数据分析实际掌握不同的客户诉求，查看工单的具体信息，精准分析，及时解决，降低客户投诉风险。

（2）95598 投诉工单展示。从供电服务指挥系统获取投诉工单数据，按日、月、季、年四个周期，自动统计汇总数量计算占比。同时按投诉工单分为供电服务、供电业务、供电质量问题、停送电问题、电网建设五个类别，进行汇总统计占比。

（3）95598 其他工单展示。从供电服务指挥系统获取意见（建议）、业务申请、抢修等工单数据，按日、月、季、年四个周期，自动统计汇总数量计算占比。

（4）特殊客户管理。包括展示频繁停电客户、重复诉求客户、经常投诉客户、回访多次不满意等数据。所属单位发布相应的风险预警，派发至外勤人员，辅助员工及时排查处理，有针对性服务，降低客户投诉风险。

图 2-11　服务看板❶

3. 服务看板的意义

服务看板在数字化供电所中的应用，使优质服务工作在供电所管理中以数字形式呈现，通过服务看板汇总所属单位各种工单类型数据、服务诉求信息的分析，使供电所管理者实时掌握所属的重点区域、重点人群、重点时段的诉求，制定差异化服务方案，精准治理。优质服务工作已成为企业发展的重要指标之一。服务数字化提高客户的满意度和忠诚度，推动企业的效益提升，同时提高企业的美誉度和社会信誉度，有助于企业的良好形象，从而为企业带来更多的市场机会和发展空间，为企业的可持续发展奠定坚实的基础。

---

❶　图片水印为登录号和操作日期，系统自带，未做修改，相似图均为此种情况。

2.1.5　绩效看板

绩效看板展示员工的工作绩效，包括工作效率、工作质量评价等，帮助管理人员进行绩效评估和改进。

1. 绩效看板的概述

绩效看板，用于评估供电所的工作绩效和业务表现。绩效看板提供了一个直观的界面，展示了供电所各项关键绩效指标的数据情况，包括实际值、目标值和完成率等。这些数据可以帮助供电所管理层全面了解供电所的运营状况，及时发现潜在问题并采取措施进行改进。

绩效看板与供电所的业务系统进行集成，从而获取更详细的数据和实时更新。这些数据可以以图表或表格的形式展示，使得管理层能够更直观地了解各项指标的趋势走向和变化情况。通过绩效看板，供电所管理层可以制定更有效的改进策略，提高工作效率和质量，确保供电服务的稳定和高效。

2. 绩效看板的内容

绩效看板是一个综合性的工具，主要是帮助供电所管理更好地评估业务表现和制定改进策略。通过绩效看板，供电所管理可以直观地了解台区经理各项工作的数据反馈，及时发现潜在问题并采取有效措施进行改进和长期发展。

系统路径："数字化供电所工作台"页面顶端工具栏"绩效看板"；点选"绩效看板"，左侧栏显示"绩效分析看板"，右侧展示每月的"综合绩效排名""基础工分""指标工分""增量工分""质量工分"。

如图 2-12 所示，绩效看板主要是展示绩效分析内容，以每月为频道，从 1 项综合类、4 项分类展示绩效明细及趋势。

3. 绩效看板的意义

绩效看板的意义在于它能够将不可见的知识型工作及它的流动过程可视化，这有助于项目风险的可视化。在精益生产中，传递现场的生产信息，统一思想，及时发现管理中的漏洞。有助于绩效考核的公平化、透明化，保证生产现场作业秩序，提升公司形象。具有多功能性、持续改进、提升响应能力、提高产量、提高产品质量等作用。通过绩效看板，员工和管理层可以及时了解工作情况，发现和解决问题，提高工作效

图 2-12　绩效看板

率和产品质量。同时，绩效看板也有助于提高工作的透明度和公正性，促进员工之间的竞争和合作，提升供电所的整体表现。

2.1.6　资产看板

资产看板展示电力系统的资产状况，包括台账管理、领用出库、归还入库、物品管理、工器具考核，帮助管理人员进行资产优化和规划。

1. 资产看板的概述

资产看板用于供电所设备资产管理的实时监控，以及跟踪生产设备的状态和性能。资产看板可以进行设备状态监控、设备性能分析、设备维护管理，可以提供设备的维护计划和历史记录，资产看板记录维护人员的操作痕迹，确保维护过程的可追溯性。进行设备资产管理，记录设备的详细信息，如设备型号、规格、购买日期等。通过与资产管理系统集成，可以跟踪设备的生命周期，包括采购、使用、报废等阶段。资产看板可以提供设备的实时监控、性能分析、维护管理、调度与优化，以及资产管理等功能，帮助供电所更好地管理供电设备和提高供电服务质量。

2. 资产看板的内容

资产看板是一种实时监控和跟踪生产设备的可视化工具，主要提供计量装置、工器具等资产设备状态、性能分析，维护管理，调度与优化，以及资产管理等功能。

系统路径："数字化供电所工作台"页面顶端工具栏"资产看板"；点选"资产看

板"，左侧栏显示"资产分析看板"，右侧展示"安全工器具""备品备件"，如图 2-13
所示。

（1）安全工器具。主要是关于供电所工器具的统筹管理与概况展示，包含安全工
器具概况、监测数据、安全工器具台账、安全工器具入库记录、安全工器具出库记录。

1）安全工器具概况：展示当前安全工器具超周期、合格在库、领用、送检的状
态值。

2）监测数据：展示全部资产的超周期、未完成、作业出库、新购入库、送检入库。

3）安全工器具台账：根据所属大类、物品名称、目前状态、检测日期、校验周
期、下次校验时间、出厂时间、入库时间等进行记录。

4）安全工器具出库记录及安全工器具入库记录。

（2）备品备件。主要展示供电所内备品备件的状态情况，今日出库、今日归还、
今日入库、库存预警、月度物品领用次数 TOP 榜数值展示。备品备件资产及备品备件
出入库登记，以电子台账的形式呈现，支持在线查阅。按资产名称分类，展示资产编
码、资产类型、在库总量、库存容量、领域数据、历史总数、单位。

图 2-13　资产看板

3. 资产看板的意义

资产看板的意义，在于它可以提高设备利用率和生产效率，通过监控设备的状态
和性能，可以及时发现设备的故障和异常，避免设备过维护或欠维护，提高设备的利
用率和生产效率。降低设备维护成本，资产看板可以提供设备的详细信息和历史记录，

帮助供电所更好地了解设备的性能和状态，及时发现潜在问题并进行预防性维护，降低设备故障率和维修成本。优化设备调度和运行策略，通过资产看板提供的设备调度计划和运行策略，可以更好地管理和优化设备的运行，提高设备的运行效率和供电可靠性，降低能源消耗和运营成本。实现设备资产的全生命周期管理：资产看板可以记录设备的生命周期信息，包括采购、使用、报废等阶段，实现设备资产的全生命周期管理，方便进行资产盘点和决策分析。资产看板可以帮助数字化供电所更好地管理供电设备，提高设备利用率和生产效率，降低设备维护成本，优化设备调度和运行策略，实现设备资产的全生命周期管理，提高供电服务质量，对于供电所的运营和发展具有重要意义。

2.1.7 所务看板

所务看板展示供电所的内部事务——供电所基本信息、人员信息、规章制度、车辆管理等，帮助员工了解所内事务并遵守相关规定。

1. 所务看板的概述

供电所的所务看板是一种用于展示供电所内部各种信息的可视化工具。通过所务看板，供电所的工作人员可以方便快捷地获取关于生产、经营、安全等方面的关键信息，有助于更好地进行工作安排和问题解决。

2. 所务看板的内容

具体来说，供电所的所务看板通常包括以下内容：

（1）供电所基本信息。包括供电所的名称、地址、联系方式、工作人员名单等。

（2）电力供需信息。包括实时和历史的电力负荷、电量、用电投诉等信息，有助于工作人员及时了解供区内的电力需求和问题，为电力调度提供决策支持。

（3）安全生产信息。包括安全检查记录、事故案例分析、安全培训计划等，旨在提高工作人员的安全意识和应对突发事件的能力。

（4）营销管理信息。包括电费回收情况、业扩报装流程、客户服务记录等，有助于工作人员更好地了解客户需求和服务状态，提升服务质量。

（5）规章制度和业务流程。展示供电所的各项规章制度、业务流程和操作规范，方便工作人员查阅和遵循，有助于提高工作效率和规范化管理。

（6）其他信息。如员工考勤、绩效考核、培训计划等，为供电所内部管理提供支持。

系统路径："数字化供电所工作台"→"所务看板"→"所务公开看板"，可查看所务看板的具体内容。

数字化供电所改革前，所务看板采用纸质版展现形式，如图2-14所示，可以将上述内容打印或复印出来，然后张贴在供电所的公共区域或工作区域。常见的纸质版展现形式：

图2-14　改革前所务公开上墙展示

（1）宣传海报。可以将供电所的规章制度、安全信息等内容制作成宣传海报，张贴在供电所的公共区域或工作区域。

（2）表格。可以将工作计划、绩效数据等内容制作成表格，记录在纸张上，然后张贴在供电所的公共区域或工作区域。

（3）看板卡片。可以制作看板卡片，将各个工作的进展情况、完成情况等信息记录在卡片上，然后张贴在供电所的公共区域或工作区域。

（4）指南手册。可以将供电所的规章制度、操作规程等内容整理成指南手册，放在供电所的公共区域或工作区域，供工作人员随时查阅。

（5）通知公告。可以将通知、公告等内容打印出来，张贴在供电所的公共区域或工作区域，以便工作人员及时了解相关信息。

所务看板的纸质版展现形式可以根据实际情况进行选择，应该选择易于制作、张贴和更换的形式，以便更好地满足供电所内部信息交流和协同工作的需求。

数字化供电所改革后，所务看板的展现形式主要是通过供电所数字看板。数字看板是供电所数字化应用调研和设计的成果，成为供电所的数字化管理工具，它综合利用了 PMS、用电信息采集、配电网抢修等多个数据源，用于帮助供电所更好地进行业务管理和指标提升。为了更加清晰地展示，常将所务看板更加细化，例如指标看板、绩效看板、工单看板、服务看板等，如图 2-15 和图 2-16 所示。

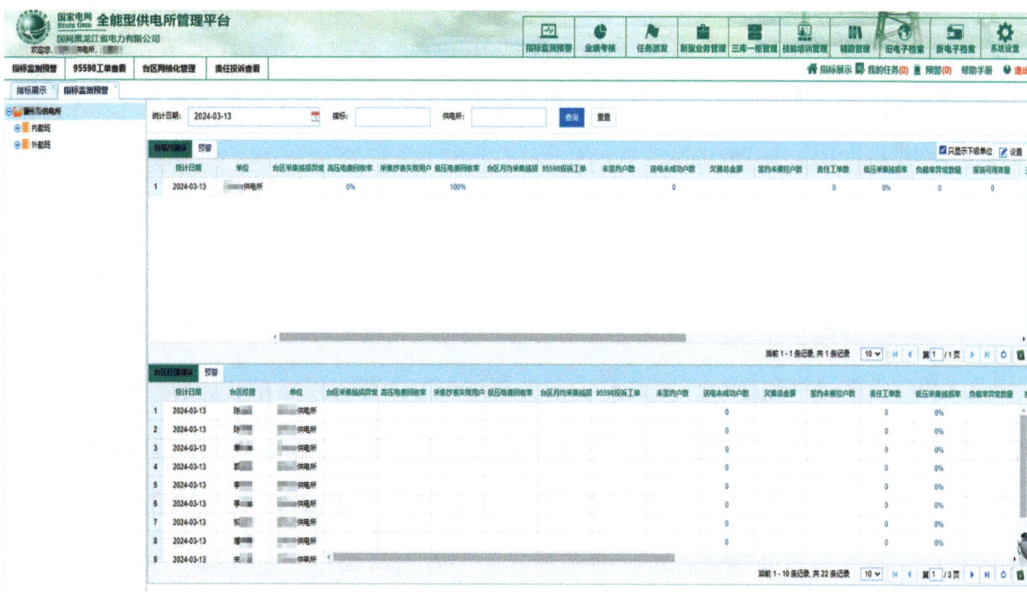

图 2-15　改革后所务看板——指标看板

供电所数字看板可以提供营销、配电网、综合三大模块的信息。

在营销模块，看板可以展示用电信息，如高损台区、负损台区、居民大电量、计

图 2-16　改革后所务看板——车辆看板

量点异常等。在配电网模块，看板可以展示供电所的配电网设施、抢修工单、业扩工
单及台区电压异常等信息。

其中，营销、配电网模块中的高损台区、电压异常等信息均为供电所管理指标，
划分至指标看板；抢修工单等工单类信息划分至工单看板；绩效管理实行线上管理，
划分至绩效看板；供电所各类服务信息划分至服务看板。

所务看板仅展示所属供电所下的供电所信息，包括管理星级、地域分型、规模型
级、班组信息、管辖区域、用户分布、设备信息、车辆信息、所务信息、党建风采等
基础数据。

3. 所务看板的意义

（1）展现形式更加便利。改革前，所务看板可能主要以纸质形式存在，挂在墙上或
放在会议室。改革后，所务看板可能更多地转向数字化形式，比如电子屏幕或网络平台。

（2）展示内容更加丰富。改革前，所务看板可能主要包含一些基本的业务信息，
比如客户资料、业务办理流程等。改革后，所务看板可能包含更复杂、更详细的数据
和分析，比如用电数据、故障预测、员工绩效等。

（3）更新频率达到实时。改革前，所务看板的更新速度相对较慢，可能需要定期
手动更新。改革后，数字化所务看板可以实时更新，提供最新的信息。

（4）使用方式方便快捷。改革前，纸质所务看板的使用相对有限，比如只能在特

定地点查看。改革后，数字化所务看板可以在任何时间、任何地点访问，更方便快捷。

（5）互动方式多种多样。改革前，纸质所务看板可能不具备互动性。改革后，数字化所务看板可能允许用户进行交互，比如查询详细信息、提交业务申请等。

2.2　八个内勤助手

八个内勤助手包括派单助手、绩效助手、日报助手、停电监测助手、公示发布助手、录入助手、催费助手、考试助手八个部分，在数字化供电所工作台上进行相应内勤工作的开展，以数字化供电所工作台作为辅助，支撑内勤工作进行线上流转，实现工单流转自动化，同时产生数字化痕迹，进一步为供电所管理提供所需要的数据支撑。

2.2.1　派单助手

1. 具体含义

（1）基本概念。派单助手是内勤助手模块的第一个功能，用于在数字化供电所工作台上进行工作计划的编制、审核、评价、反馈。工作计划建立后，可以根据工作计划进行任务派发、流程管理、评价和校验。生成的工单可以在营销业务支撑平台等系统进行数据的统计分析、特殊工单的筛查。

（2）包含内容。派单助手在系统中体现为多个模块的集成，主要包括以下路径："数字化供电所工作台"页面顶端工具栏"任务智能派发"模块→"计划管理"/"任务管理"模块；"营销业务支撑平台"→"业务提醒平台"→"数据提醒分析"模块。

工作计划包括计划编号、工作内容、工作分类、开始时间、要求完成时间、班组 / 台区、台区经理、状态及编制人。

任务派发工单包括任务编号、工作内容、工作分类、技能分类、开始时间、要求完成时间、工作班组、台区经理、监督负责人、是否用车、工单状态是否提交等信息。技能分类包括营销、生产、服务、安全、其他等。工作分类为技能分类细化后的具体业务，如营销专业的业扩报装与业务变更、电能表现场抄读、电费催缴、电能计量装置安装等。

如图 2-17 所示，工单的统计筛查包括工单数量、时长、占比的统计，新工单、超期预警工单、超短工单、超期工单的筛查。任务派工如图 2-18 所示。任务评价如图 2-19 所示。任务签收如图 2-20 所示。

图 2-17　工单统计筛查

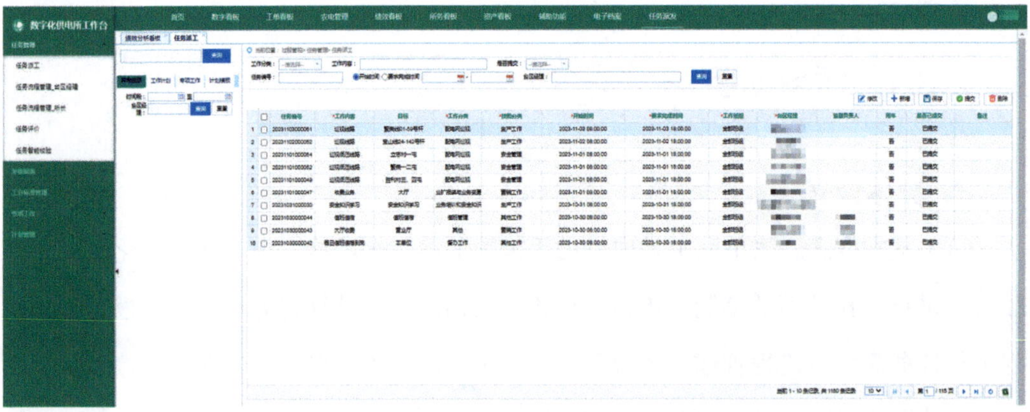

图 2-18　任务派工

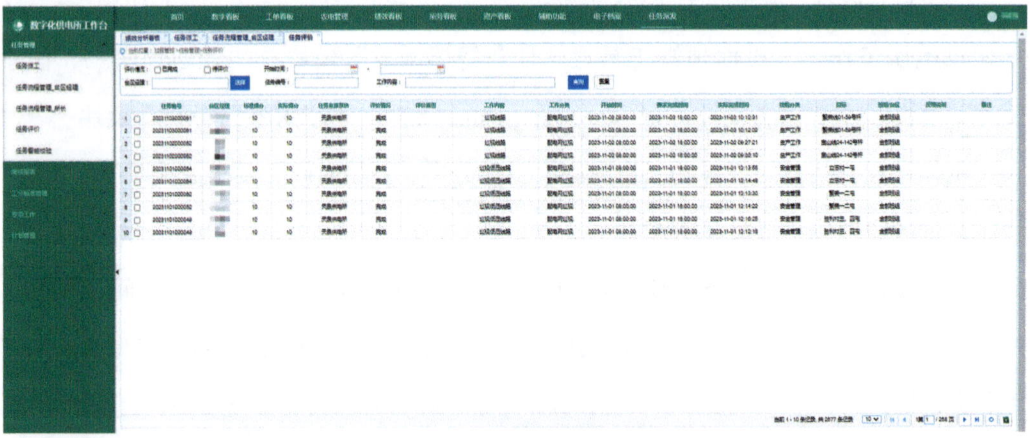

图 2-19　任务评价

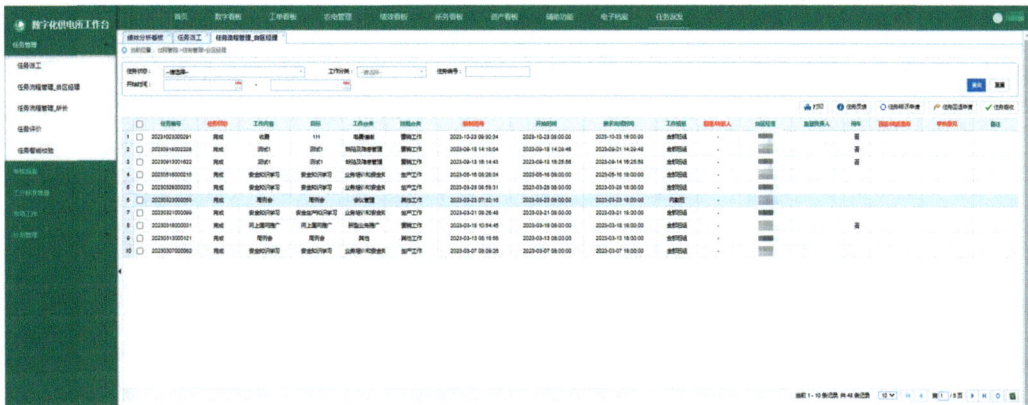

图 2-20　任务签收

2. 展示形式

（1）数字化供电所改革前。

1）系统工单流转派发依赖主观判断和对本单位业务及人员的熟悉情况，或需要电话问询外勤人员位置及当前工作完成情况，缺乏相关引导，人工派单工作量大、科学性不高。

2）供电所涉及的工单类型多，工单派单方式固化，存在同一时段、同类型或同现场工作多次派单情况，需要外勤人员多次往返现场逐一处理、逐个回单，费时费力。

（2）数字化供电所改革后。

1）自动派单。基于"一平台"汇集的各项指标数据，制定相应的工单触发规则，当指标低于阈值时，自动生成工单，按照人员管辖范围、业务能力、工单要素等方式，自动匹配责任人，避免内勤管理人员查看指标后再根据异常情况派单，提高指标异常处理响应速率，实现指标异常自动派单、精准派单，提升异常处理效率。

2）辅助派单。打造智能派单功能，根据员工当前位置、当前工作量及工作能力，综合计算最优接单人员。一是将客户地址（经纬度）和员工当前位置进行距离比较，为派单目标人员由近到远排序，并根据权重（分值）赋值。二是根据技能等级，为派单目标人员排序赋分。三是根据人员负荷上限减去在途已签单数得出的值排序赋分。综合三项分值计算得到最优接单人员，提供派单建议，支撑管理人员合理安排工作任务。

3）合并派单。梳理并分析供电所线路台区与网格、外勤人员关系，自动匹配客户与表计、台区与员工、关联工单服务对象与责任人。根据"一工单"汇聚的工单环节信息，采取主、备工单模式，定位同一时间段内多个工单中存在相同设备、台区、客户或地址情况，进行重复性判定，并对重复工单进行打包处理，在外勤人员手机端工单池合并展示，便于签收工单后集中处理，实现现场工作一次办结。

3. 主要技术

（1）工单结构化分析。抽象提取工单共性要素和个性要素。共性要素包含工单调度信息、工单成本信息、地址信息、现在作业、客户信息、工序信息等；个性要素包含供电方案信息、轨迹信息、现场勘察信息、停送电信息、附件信息等。工单要素下挂接工单属性，如工单调度要素包含电压等级、合同容量、计量方式等因子信息，为工单合并和智能调度提供支撑。

（2）工单调度引擎。通过工单解析要素，提取工单信息中的调度因子（包含电压等级、计量方式、合同容量、利润中心、违约金额等），通过调度因子、条件表达式形成组合条件，与已制定的派单策略进行匹配，按照匹配结果实现工单直派到人，实现工单自动调度。

（3）派单策略。设定"业务角色派单、岗位派单、网格派单、跟随派单"等派单策略。其中，业务角色派单是指通过设置流程环节的处理人员角色，派单至对应角色的业务人员；岗位派单是指通过设置流程环节的处理人员岗位，派单至对应岗位人员；网格派单是依据网格责任人与管辖区域、客户、设备的关系，将工单派发给网格责任人；跟随派单是指将包含有相同工单要素属性的工单指派给上一次处理该类型工单的人员。

2.2.2 绩效助手

1. 具体含义

（1）基本概念。绩效助手是供电所工作绩效管理的辅助工具，可以通过在供电所管理平台中建立任务工分的标准，对每种工单进行工分自动计算，汇总统计展示为人员工作绩效数据，为绩效管理提供数据支撑。

（2）包含内容。绩效助手在数字化供电所工作台上主要体现为业绩考核模块，主要包括以下路径："数字化供电所工作台"页面顶端工具栏"任务工分管理"→"工分标准管理"/"工分查询"。

任务工分统计可以按周、按月进行统计，便于进行阶段性管理。工分统计可以包括具体的台区经理、工作内容、开始时间、要求完成时间、实际完成时间、标准工分、获得工分、所属班组、技能类型、工作类别等，便于进行工作绩效的校核和修正。绩效看板如图 2-21 所示。绩效明细如图 2-22 所示。

图 2-21　绩效看板

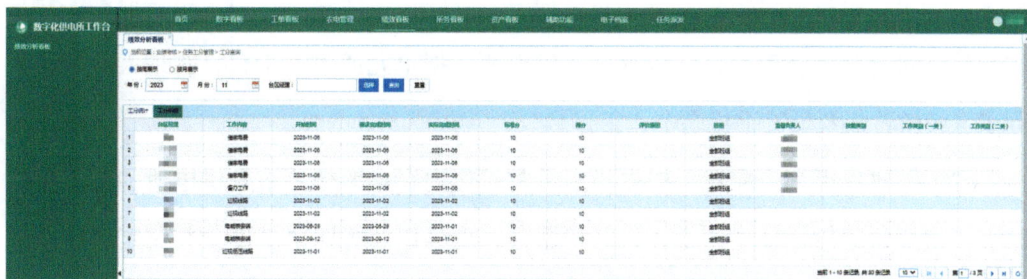

图 2-22　绩效明细

2. 展示形式

（1）数字化供电所改革前。绩效管理是提升团队执行力、提高工作业绩、辅助员工发展的重要抓手，但供电所绩效管理存在以下问题：一是评价标准不科学，评价数据未实现线上自动取值，人为干预较多，评价透明度不高；二是绩效评价计算复杂，花费时间长且存在计算错误风险；三是绩效评价结果需要手动录入至人资薪酬平台，操作复杂易出错。

（2）数字化供电所改革后。

1）绩效评价自动打分。采取"系统自动打分 + 管理人员确认"的方式进行绩效评价，依据供电所选择的绩效模板配置对应规则自动计算得分，管理人员确认评价结果后可根据实际情况进行调整再公开发布，实现线上评价员工绩效、绩效工资自动精准计算，提高绩效管理数字化水平。

2）绩效结果自动填报。按照管理人员确认后的员工考核情况，系统自动将绩效结果同步至"一平台"的绩效看板、"一终端"的绩效模块，同时打通人资系统薪酬平台，实现员工绩效工资自动同步，减少管理人员绩效结果手动录入，提高数据准确率，解决手工录入易错问题。

3）绩效结果实时查询。在系统数据单元设立存储空间，将指标排名情况、服务客户数量、员工技能情况、管辖设备数量、客户工单情况等历史绩效按照员工维度进行独立存储，实现员工在"一平台"绩效看板、"一终端"绩效模块均可实时查看历史绩效薪酬，增加绩效公开透明度。

3. 主要技术

（1）绩效数据线上获取。根据各岗位特点，以接口形式获取员工在各专业系统指标排名情况、服务客户数量、员工技能情况、管辖设备数量、客户工单情况等，并与往期数据对比判断合理性，同步存储于供电所数据单元或数据中台，管理人员确认后同步至绩效看板及员工手机端个人工作台。

（2）绩效模板统一配置。根据班组日常工作内容、考核要求及供电所和员工岗位特点，按照营销指标、生产指标、客户服务、现场作业等四个维度分类制定供电所员工绩效考核模板，供电所根据本所情况，灵活设置各部分权重系数，确保绩效考核标准符合实际、公开透明，提高员工绩效考核的精准性。

2.2.3 日报助手

1. 具体含义

（1）基本概念。日报助手是辅助供电所日常业务管理的主要工具，供电所管理涉及生产、营销、安全等综合性业务，进行综合管理需要涉及业务的汇总分析，而对于基层供电所管理人员，受工作业务较忙、分析水平受限等因素影响，供电所管理的汇总分析频率较低。日报助手可以根据供电所管理平台上涉及的业务进行数据统计，形成固定的日报模板和数据统计来源，每日通过数字化供电所工作台自动生成供电所管理日报。

（2）包含内容。日报助手在数字化供电所工作台上主要体现为报告生成模块，主要包括以下路径："数字化供电所工作台"页面顶端工具栏"报告生成"。

供电所管理日报可以包含供电所的人员考勤、工作绩效、待办工单、重要工作指标完成情况等，便于管理人员分析工作完成情况，辅助管理人员按照轻重缓急有序安排供电所的工作，实现供电所人员的高效运转、业务工作的及时完成，进而实现整体工作绩效的大幅提升。

2. 展示形式

（1）数字化供电所改革前。当前供电所日报编制工作量大、缺乏数字化手段。一是报告编制需要从营销、生产、安全监管等多个专业系统手动获取数据，工作量大、重复性高。二是供电所日报仍是人工编制，易出错、效率低下。三是供电所日报发送需要人工通过邮件等方式发送到每个人，操作烦琐、易出现漏发错发情况。

（2）数字化供电所改革后。

1）日报自动生成。根据供电所日报日期要求，定期从看板模块、各专业系统自动获取报告所需相关指标数据，按照报告模板数据逻辑要求，自动对数据进行统计计算，并生成相应的日报，解决传统人工取数工作量大、人工编制日报效率低等问题；并对报告中重要的任务与指标项进行高亮或加粗显示，以示提醒。

2）日报审核提醒。系统自动生成日报后，以消息弹窗的方式提醒相关责任人对系统自动生成的日报进行人工审核，避免出现忘审、漏审。

3）日报在线审核。责任人可通过报告审核提醒或报告列表在线查看系统自动生成的日报详细内容，可对日报的内容在线编辑，对报告默认接收人进行新增或删除。

4）日报自动发送。人工审核确认无误后，根据日报模板中关联的接收人，可一键将日报群发至接收人邮箱或手机端，解决传统人工发送操作烦琐、漏发、错发等问题。

5）历史日报查询。可根据日报类型、名称、日期、责任人、关键字等条件，对历史日报记录进行模糊或精准查询，可下钻查看某一历史日报详细内容。

3. 主要技术

（1）数据自动获取。根据日报所需数据，数字化供电所全业务平台中有的数据从平台获取，平台没有的数据，通过接口方式贯通专业系统获取数据，无法通过接口方式与专业系统贯通的，利用 RPA 工具从专业系统抓取数据，为日报生成提供数据支撑。

（2）日报模板库建立。对供电所日常所需日报需求进行调研，梳理出常用的日报，并根据每类日报内容要求建立日报模型库与数据统计算法，并根据不同人员关注的报告类型，灵活设置日报接收人员、邮箱等信息，为日报自动生成与一键发送提供基础支撑。

2.2.4 停电监测助手

1. 具体含义

（1）基本概念。停电监测助手是指通过配电网实时运行信息、停电信息、配电网设备台账及客户基础档案等系统监测，实现实时获取台区单户、表箱、台区停电信息，是供电所监测客户用电情况的重要依据，开展综合派工，形成停电监测信息的工单化。

（2）包含内容。如图 2-23 所示，停电监测助手的内容主要包括工单编号、设备名

（a）

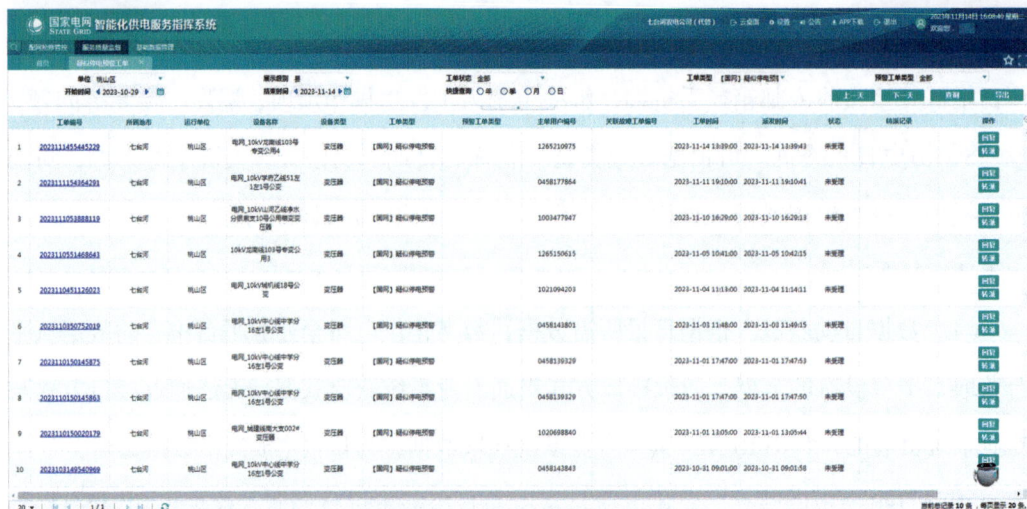

（b）

图 2-23 停电监测界面

（a）详细信息；（b）疑似停电预警工单界面

称、设备类型、工单类型、用户编号、工单时间、回复信息等。具体包括：

1）设备名称信息。包括线路名称、台区名称等基本信息，具体停电线路、台区名称精准定位停电区域的重要信息依据。

2）设备类型信息。包括变压器、计量表计等信息，是收集停电范围信息的重要依据。

3）工单类型信息。包括单户、表箱、台区疑似停电的信息，是判断用户停电区域的重要依据。

4）用电客户编号信息。依据客户基础档案信息，供电所工作人员记录客户编号信息，以便定点及时处理用户的停电问题。

5）工单时间信息。以工单生成时间，判断停电时间信息，供电所工作人员判断具体停电时长，以便及时加快处理停电问题。

6）回复信息。供电所工作人员需要对处理单位、处理部门、处理时间、处理结果、预警是否准确、预警是否解除，以及处理结果进行回复，以便及时发现处理设备故障和问题。

（3）系统路径。"数字化供电所工作台"→"服务质量监督"→"疑似停电预警工单"。"工单编号"，可以查看相关停电信息的具体信息；"工单状态"（全部、未受理、已填报、已回复、已转派、受理），可查询工单状态；"展示级别"（县、供电所），可查询相关级别的工单信息。

总之，停电监测判断是否为计划停电、临时停电、欠费停电、事故停电、其他原因停电，是否属于已报修或在正抢修的故障，假设为以上情况，则告知客户停电原因、现在的处理情况、预计恢复供电时间等。若判断为新故障，则应记录报修故障的详细地址及附近明显的地标，根据分工将报修任务分别通知。抢修单位收到故障抢修通知后，及时组织抢修人员赶赴现场处理故障。

2. 展示形式

（1）数字化供电所改革前。在数字化改革之前，停电信息监测通常是通过人工录入方式。有以下不足：

1）突发性。停电情况具有突然发生的特点，没有事前准备抢修时间，发现停电后需人工第一时间现场核实停电区域，还需紧急协调各部门工作。

2）滞后性。发现停电事件后，到事故现场确定事故原因、事故造成停电面积、影响区域，对事故现场进行处理。

3）分析性。不能掌握线路、台区、表箱及客户单户停电时的数据比对，不能有效地监测和诊断过程异常情况。不便于设备维护和制定应急预案。

（2）数字化供电所改革后。数字化供电所改革后，停电信息监测工作由事后管理逐渐转变为事前控制，即停电监测助手。

数字化供电所停电监测助手是一种针对停电管理工作的应用程序，旨在更快速、准确和高效地掌握停电状况。可实现以下功能：

1）自动采集。通过汇总 PMS、184 等系统的历史服务记录信息，结合各系统指标数据，基于数字信息建立数字模型，构建风险预警，实现设备的实时、有效监测。

2）精准定位。对电力用户开展客户属性精准定位，实现客户、设备、风险三维度风险及服务预警体系，便于更快速了解客户，提供优质服务，提升响应能力。

3）状态监测。电力设备故障预警和状态监测根据设备运行规律或观测得到的可能性前兆，在设备真正发生故障之前，及时预报设备的异常状况。

4）智能工单。综合运用电压召测、电流 / 功率曲线比对等方式，生成单户、表箱、台区三种疑似停电事件，并提醒工作人员进行处理。

5）数据查询。停电监测助手提供方便的数据分析功能，可以快速查看停电时间、停电区域、停电原因等所需的信息。

6）数据分析。停电监测助手可以对停电信息进行数据分析和处理，生成各种统计数据，帮助供电所工作人员对线路、台区、表箱的停电原因进行分析。

3. 主要技术

利用大数据分析和预测模型，对电力需求、电网运行、设备状态等数据进行挖掘和分析，预测潜在的停电风险和供电问题，提前采取措施进行解决。通过技术的应用，数字化供电所可以实现停电监测的全面覆盖和精准预测，提高供电可靠性和服务质量。

4. 数字化供电所改革前后对比

（1）效率更高。改革前，停电信息的获取需要工作人员逐一核实停电线路、台区、表箱的停电信息、整体停电情况，尤其是表箱及单户停电的信息不能全部数字化呈现，需要人员记录数据，工作效率较低；而停电监测助手可以通过优化采集系统功能，实时接收汇聚台区电能表、采集终端报送的停电信息等。

（2）准确性更高。根据实际情况，对停送电风险进行评估，采取相应的措施降低风险，实现客户、设备、风险三维度风险及服务预警体系，便于更快了解客户，提供优质服务，提升响应能力，同时实现月报、指标等数据定期生成，节省人力。

（3）数据分析能力更强。改革前，对于表箱、电能表的停电信息，难以进行数据分析和处理；而停电监测助手提供方便的数据查询分析功能，可以生成统计数据，建立停送电管理制度，可以提高电力系统的安全性和可靠性，保障用户正常用电。实时接收停电信息，并通过广播、电视、短信、微信等多种方式发布停电信息，减少停电对用户的影响。

2.2.5　公示发布助手

1. 具体含义

（1）基本概念。公示发布助手是营业厅对外公示发布的重要环节，可做到内容统一、监管到位的作用。

（2）包含内容。公示发布助手的内容主要包括公示内容、公示格式、公示渠道等信息。具体包括：

1）公示内容。包括国家电网有限公司员工服务"十个不准"、供电服务"十项承诺"、服务监督台（公布工作人员的姓名、照片、岗位和工号）、办电业务流程、最新电价信息和业务收费项目及标准、停电信息、95598 投诉电话和 12398 能源局监管电话等信息内容。

2）公示格式。包括相同内容制作成的图片、视频、PDF 等格式文件，是公示内容要求的重要展示。

3）公示渠道。包括在营业厅、对外服务网站、电力微信公众号、"网上国网"App统一公示内容的重要渠道。

系统路径："数字化供电所工作台"→"公示公布"→"公示发布内容"→"公示发布有效期"→"公示发布类型"→"公示发布接收单位"→"内容校核"。

2. 展示形式

（1）数字化供电所改革前。在数字化改革之前，各营业场所的公示发布通常是利用上墙和纸板方式。有以下不足：

1）公示形式不统一。公示形式包括上墙公布、电子显示、宣传折页、展架等。各营业厅采取多种形式向客户公示应公布的相关资料。

2）公示内容不统一。根据个人理解不同，自行编辑公示内容，不统一模板，容易造成不同渠道发布的内容不统一。

3）公示监管不统一。因公示内容、形式的多种，公示监管不能准备准确，只采取人工现场或照片反馈现场公示情况的方式进行监管，监管的难度大。

（2）数字化供电所改革后。数字化供电所公示发布助手是一种针对营业场所面向社会进行公告的应用程序，旨在提高准确性、规范性。可实现以下功能：

1）信息发布。在营销业务系统构建线上电子大屏信息发布功能模块，将需要发布的图片、视频、PDF等格式文件上传至营销系统，可按照地市、区县、供电所批量选择或逐一选择需要发布的营业厅，将公示内容一键下发至选中的营业厅智能发布终端，终端接收到公示文件，将其在电子大屏上显示出来。

2）内容监测。利用图像识别技术，构建大屏显示内容监测功能，轮询对各营业厅电子大屏显示内容进行识别监测，若显示内容与统一发布内容不符，系统自动告警，并弹窗显示对应大屏所在营业厅的名称、负责人及联系方式，辅助管理人员整改督办。

3）终端监测。构建智能发布终端状态监测功能模块，对终端在线状态、开关机状态、开机时长等进行监测，当监测到终端离线、营业时间未开、非营业时间开机等异常情况时，自动展示异常情况终端所在营业厅的名称、负责人及联系方式等信息，辅助管理人员提醒营业厅负责人排查。

4）公示查询。根据公示内容标题、发布日期、发布人、关键字等条件，对历史公示记录进行模糊或精准查询，方便查看详细历史公示内容。

3. 主要技术

利用公示信息管理技术，实现对电力公示信息的统一管理和维护，包括信息的收集、审核、发布等环节，保证信息的准确性和及时性。

4. 数字化供电所改革前后对比

（1）增强信息公开的广度和深度。拓展技术平台，增强专业性和互动性，统一制作营业窗口信息公示内容，保证供电监管、电价调整等变更内容的及时更换。让人民群众更方便、更全面地了解供用电信息。

（2）监督和信息反馈。终端监测信息公开的内容、形式和程序等，利用图像识别技术识别图片固定位置的图标或二维码，并与统一发布文件上的图标或二维码标识进行比对，分析发布内容与显示内容是否一致。从而对发布信息进行有效监管。

（3）强化宣传推介，打造服务品牌。充分利用公司网站、"网上国网" App、营业厅等线上线下渠道，开展公司服务内容、工作成效宣传，塑造公司责任央企的社会形象。

2.2.6 录入助手

1. 具体含义

（1）基本概念。供电所录入是指供电所工作人员将各种信息录入到供电系统中，以实现用电信息的汇总和管理。供电所录入的信息是供电所管理用电情况的重要依据，必须确保信息的准确性和完整性。

（2）包含内容。供电所录入的内容主要包括用户信息、电量信息和电费信息等。具体包括：

1）用户信息。包括用户姓名、联系方式、用电地址等基本信息，以及用户用电档案等重要信息。

2）电量信息。包括电能表读数、电量计量单位等信息，是计算电费的重要依据。

3）电费信息。包括电费金额、电费单价、缴费方式等信息，是用户缴纳电费的重要依据。

4）用户报修信息。当用户报修时，供电所工作人员需要记录报修时间、报修内容、维修人员等信息，以便及时处理用户报修的问题。

5）用户投诉信息。当用户对供电服务不满意或存在问题时，供电所工作人员需要记录投诉时间、投诉内容、处理结果等信息，以便及时解决用户的问题。

6）巡检信息。供电所工作人员需要定期对供电设备、线路等进行巡检，并记录巡检时间、巡检内容、发现问题等信息，以便及时发现并处理设备故障和问题。

7）安全管理信息。供电所工作人员需要记录安全培训、安全检查、安全事故等信息，以便保障供电所的安全管理。

8）能效管理信息。供电所工作人员需要记录能效监测、能效评估等信息，以便为用户提供能效管理和优化建议。

总之，供电所录入的内容非常广泛，涉及供电所管理的各个方面。供电所工作人员需要准确、及时地录入这些信息，以便供电所进行用电管理、服务提供和决策支持。

系统路径：手机"i 国网"App → "我的应用" → "AI 助手" → "OCR 识别"，可实现打印文字识别、身份证识别、工作票识别、条形码识别、增税专票识别、火车票识别、操作票识别、银行卡识别、增税普票识别、驾驶证识别、营业执照识别、PDF 转 Word 等功能。

2. 展示形式

（1）数字化供电所改革前。在数字化改革之前，供电所信息的录入通常是通过手工方式进行的。常采用以下方式：

1）纸质记录。供电所工作人员通过纸质记录客户信息，如姓名、地址、用电量、电费等。这些记录通常会保存在档案室或文件夹中。

2）人工录入。供电所工作人员通过手动方式将客户信息录入到供电所的信息系统中。这通常需要工作人员逐一输入客户信息，效率较低且容易出错。

3）电话沟通。如果需要核实客户信息，工作人员可能会通过电话与客户进行沟通，并将沟通结果记录在相应的记录表中。

（2）数字化供电所改革后。数字化供电所改革后，供电所信息的录入方式逐渐由手工录入升级为信息化自动录入，即录入助手。

数字化供电所录入助手是一种针对供电所信息录入工作的应用程序，旨在提供更快速、准确和高效的信息录入方式，如图 2-24 所示。可实现以下功能：

图 2-24 改革后录入助手

1）自动化采集。助手可以通过与客户的电力设施连接，自动采集客户的用电量、电费等数据，并实时传输到供电所的信息系统中。

2）智能化录入。助手提供便捷的界面，让供电所工作人员可以快速、准确地录入客户信息。它还具有高效的数据处理能力，可以快速处理大量数据。

3）OCR 识别。助手内置 OCR 技术，可以将纸质文档上的客户信息快速转换为电子文档，并导入到供电所的信息系统中。

4）人工智能审核。助手可以对录入的信息进行智能审核，自动识别错误或异常数据，并提醒工作人员进行处理。

5）数据查询和追溯。助手提供方便的数据查询和追溯功能，可以快速查找和查看所需的信息，方便供电所工作人员进行相关工作和决策。

6）数据分析和报告。助手可以对录入的信息进行数据分析和处理，生成各种报告和统计数据，帮助供电所工作人员进行工作评估和规划。

3. 数字化供电所改革前后对比

（1）高效率识别。手工录入需要工作人员逐一输入客户信息，有时需要处理大量的纸质文档，工作量较大、效率较低；而录入助手可以通过自动化采集和智能化录入，还可以通过 OCR 技术快速将纸质文档转换为电子文档，减少人工录入的工作量，大大提高工作效率。

（2）具备数据追溯性和分析能力。手工录入的信息查询和追溯相对困难，难以进行数据分析和处理；而录入助手提供方便的数据查询和追溯功能，可以生成各种报告和统计数据，帮助供电所工作人员进行工作评估和规划。

2.2.7　催费助手

1. 具体含义

（1）基本概念。供电所催费是客户服务中心的一项日常工作，主要负责向欠费的用电客户发布催费通知，包括电话、短信、传真等方式。催费员需要按照有关的法规、政策及行业标准的规定，根据电力营销系统的欠费提示，向欠费客户发出催费通知，并跟踪欠费情况，及时协调处理欠费问题。此外，催费员还需要帮助客户了解电费的计算方式等内容。

（2）包含内容。

1）客户的姓名、地址、电话等基本信息，以确认正确的缴费对象。

2）客户的电费账单信息，包括账单的周期、电费总额及分项收费明细等。

3）客户的电费缴纳情况，包括已缴纳的金额、时间，以及未缴纳的金额、时间等。

4）提醒客户电费缴纳的最后期限，以及逾期未缴的后果。

5）提供客户多种便捷的缴费方式，如银行代扣、微信转账、支付宝支付等，并告知客户具体的操作流程。

6）对于因欠费而停电的情况，需要告知客户停电的原因，以及恢复通电的具体时间。

系统路径："数字化供电所工作台"→"所长工作台"→"智能缴费系统"→"综合查询"→"欠费及余额查询"，可查询欠费用户明细；"统计考核"→"短信发送成功率"，可查看自动发短信的明细及成功率。

2. 展示形式

（1）数字化供电所改革前。数字化供电所改革前，供电所主要采用以下几种催费方式：

1）人工催费。供电所工作人员通过电话、短信、上门等方式向欠费客户进行催费通知。工作人员需要记录客户的姓名、地址、电话等信息，并告知电费金额、缴费时限等。这种方式效率低下，且需要大量的人力成本。

2）纸质催费通知单。如图2-25所示，供电所将欠费客户的信息打印出来，制成

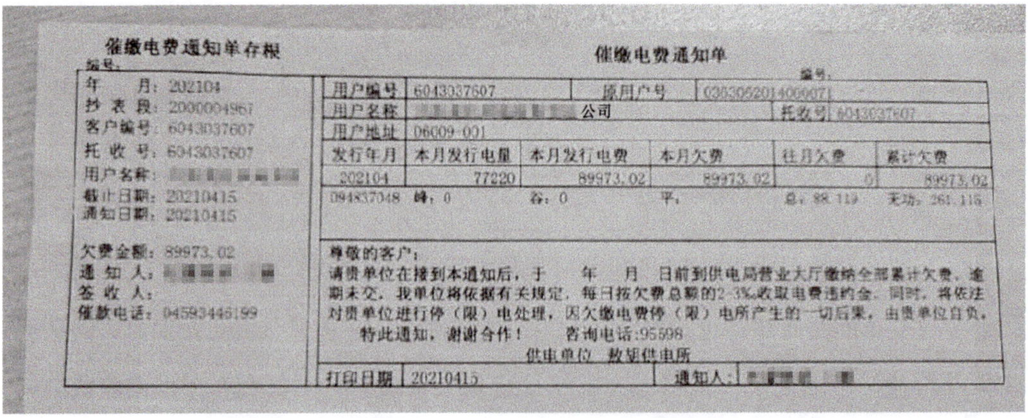

图2-25　改革前纸质电费通知单

纸质催费通知单，通过邮寄或派送方式送达客户。这种方式不仅效率低下，而且成本较高，也无法实现精准催费。

3）媒体公告。供电所通过报纸、电视、广播等媒体发布电费催缴通知，向广大欠费客户进行催费告知。这种方式虽然覆盖面广，但无法实现精准催费，且成本较高。

（2）数字化供电所改革后。随着数字化供电所的改革，催费方式也逐渐实现了数字化转型，提高了催费的效率和精准度。

1）数字化改革前期，催费方式由人工向数字化手段转变，形成了初期数字化催费，但仅方式实现数字化，费控信息及录入仍需要人工。主要方式包括：

a. 短信催费：通过与通信运营商合作，将电费催费信息以短信形式发送到客户的手机上。这种方式可以实现批量发送，提高了效率，并且能够精准地送达欠费客户。

b. 微信催费：通过微信公众号或微信小程序，向欠费客户发送电费催费信息。客户可以通过微信进行缴费，也可以查看电费账单信息。这种方式方便快捷，能够提高客户的缴费体验。

c. App 催费：供电所开发专门的电费管理 App，欠费客户可以在手机上下载安装，查询电费账单信息，并进行缴费。这种方式能够提高客户用电管理和缴费的便利性。

d. 电子账单：通过电子邮件或手机 App 推送等方式，向欠费客户发送电子账单。客户可以在线查看电费账单信息，并进行缴费。这种方式能够降低纸质账单的成本，并且提高账单的送达率。

改革前期电费电子发票如图 2-26 所示。改革后期电费电子发票如图 2-27 所示。

×××电力公司通用机打发票

核查联						
供电单位		抄表日期	2021-07-01	打印日期		2021-07-29
户号		户名			应收年月	202107
地址		上期转入	0.47	转入下期		0.71
电表号	上次示数	本次示数	乘率	电量	电价	电费
总	4390	7130	1	2740		1277.34
峰	2105	3583	1	1478	0.5583	825.17
谷	2285	3547	1	1262	0.3583	452.17
一档基数2760	二档基数2040		阶梯2	478	0.05	23.9
一档已用2760	二档已用478		阶梯3			
合计金额(元)		1301.00	合计金额(元)(大写)	壹仟叁佰零壹圆整		

图 2-26 改革前期电费电子发票

电费账单

发行月份 202310

客户编号	1507733330	客户名称					公司
抄表段	2000167898	用电地址	石人沟场排灌线				
开户行		账 号					
电表编号	示数类型	上次示数	本次示数	差数	综合倍率	表计电量	退补电量
23300011704005657 15007	有功(总)	2059.17	2099.43	40.26	2000	80520	
23300011704005657 15007	有功(尖峰)	11.51	11.51	0	2000	0	
23300011704005657 15007	有功(峰)	652.31	666.18	14.14	2000	28280	
23300011704005657 15007	有功(谷)	588.17	598.69	10.52	2000	21040	
23300011704005657 15007	无功(总)	805.96	832.15	26.19	2000	52380	
23300011704005657 15007	最大需量	0	0.0802	0.0802	2000	160	
有功变损	0	无功变损		有功线损	0	无功线损	0
电费项目	电量	单价	电费	电费项目	电量	单价	电费
大工业用电-交易 峰	28280	0.6311	17847.96	大工业用电-输配-峰		0.2037	5760.64
大工业用电-峰	0	0.0407	1149.72	大工业用电-购网-峰		0.2037	
大工业用电-交易 平	31200	0.4207	13127.21	大工业用电-输配-平		0.1358	4236.96
大工业用电-平	0	0.0099	798.68	大工业用电-平	0	0.0052	121.78
大工业用电-平	0	0.0030	241.72	大工业用电-平	0	0.0271	845.61
大工业用电-购网-平	0	0.1358	0.00	大工业用电-交易-谷	21040	0.2104	4426.23
大工业用电-输配-谷	0	0.0679	1428.61	大工业用电-谷	0	0.0136	285.13
大工业用电-购网-谷	0	0.0679	0.00				
居民 总电量		居民 总电费		生产 总电量	80520	生产 总电费	60150.89
有功 总电量	80520	无功 总电费	52380	合计代收	1998.91	合计目录	50370.23
增值税票款		普通票款		合计力率电费	1693.75	合计基本费	5888
预收结转		结算电费	60150.89	功率因数	0.84		
合计金额	人民币(大写)	陆万零壹佰伍拾元捌角玖分		违约金		应收 总电费	￥ 60150.89

审核: 杜蒙营销部_维	抄表员:	打印日期:	2023年11月01日

图 2-27 改革后期电费电子发票

2）数字化改革后期，数字化催费主要由数字催费渠道向智能化流程转变，打造催费助手。

如图 2-28 所示，数字化供电所催费助手是一款通过人工智能技术，针对供电所催费场景开发的软件应用。它可以帮助供电所实现自动化的催费流程，提高催费效率和质量。

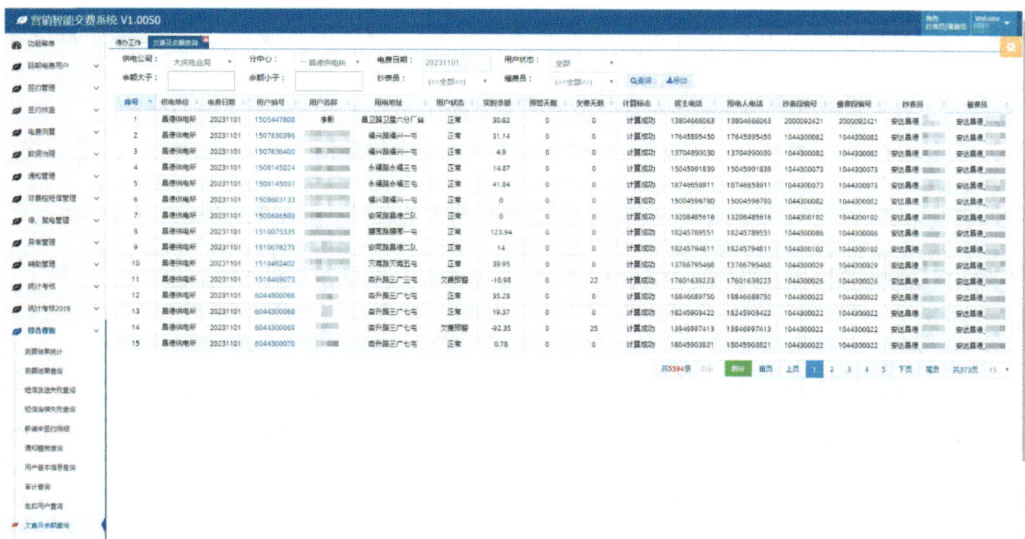

图 2-28　改革后期催费助手

a. 催费助手的主要功能：①欠费数据采集——从供电企业的电费管理系统获取欠费客户的名单和欠费信息；②催费信息生成——根据欠费数据和客户的联系方式，生成对应的催费信息，包括催费通知单、短信内容、微信推送信息等；③发送催费通知——通过短信、微信、App 等方式，将催费信息发送给欠费客户；④收集反馈信息——接收客户的反馈信息，包括对催费信息的确认、缴费情况等，并及时反馈给供电企业的电费管理系统。

b. 催费助手的应用场景：①电费催缴——针对欠费客户，通过催费助手自动发送催费通知单或短信，提醒客户及时缴纳电费；②停电通知——针对欠费客户，通过催费助手自动发送停电通知，告知客户即将停电的原因和恢复通电的时间；③电量电费审核——针对电量电费异常的客户，通过催费助手自动发送审核通知单或短信，要求客户进行电量电费的核对和反馈；④电费结零——针对每月电费结零的客户，通过催费助手自动发送结零提醒短信，提醒客户本月电费已结零，不需要再缴纳电费。

3. 数字化供电所改革前后对比

（1）高自动化程度催费。以往人工催费全环节均需要依靠人力，整个流程耗时、耗力，往往持续数十天。而数字化供电所催费助手可以实现自动化的催费流程，自动提取营销系统的用户电费信息，包括欠费数据采集、催费信息生成、发送催费通知等环节，大大提高了催费的效率和质量。

（2）高精准度传达。以往人工催费只能拿着纸质台账卡片进行走访催费，受人力、时间限制，随意性很强。而数字化供电所催费助手可以通过筛选欠费客户的信息，自动提取用户台账信息中的联系方式，下发短信提醒，实现精准催费，提高催费的针对性和效果。

（3）高客户体验服务。以往人工催费均需要供电所员工送达，人工方式下的服务体验受人员素质能力影响很大，具备很大的不确定性。而数字化供电所催费助手可以通过多种不见面方式发送催费通知，包括短信、微信、App等，而且提供客户查询和缴费功能，客户的缴费体验大大增强。

2.2.8　考试助手

1. 具体含义

（1）基本概念。数字化供电所中的考试助手是指利用数字化技术，为供电所考试管理提供全方位、全流程的智能解决方案。它包括在线考试、题库管理、试卷批改、考试数据分析等功能，能够有效地提高考试效率，降低考试成本，并提升考试质量。

（2）包含内容。本业务每日为对应的供电所职责人员发布一个相应的考题，接受的台区经理可以通过移动端和PC端完成试题，供职责人员查看。

系统路径：登录系统后，点击"技能培训管理"，在"综合培训"菜单中找到"每日一题"，如图2-29所示，选择子菜单"每日一题"，可以查看台区经理每日题目的完

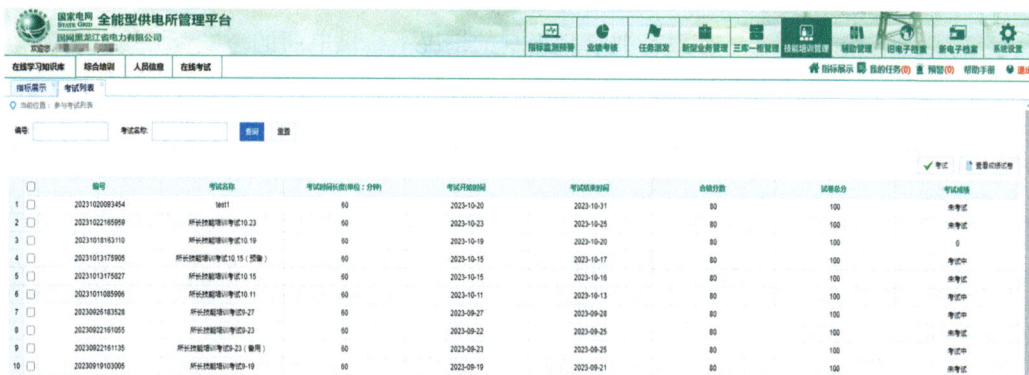

图 2-29　考试助手

成情况。

1）在线考试。支持多种类型的考试模式，如定时考试、随机组卷等，满足供电所不同的考试需求；支持多种终端设备，如计算机、手机等，让工作人员可以随时随地进行在线考试。

2）题库管理。提供标准化的试题库，并且支持自定义试题库，包括单选、多选、判断、填空等多种题型，可以灵活组卷，提高考试效率。

3）试卷批改。自动批改客观题，减少人工批改的工作量，同时支持手动批改主观题，保证批改的准确性和公正性。

4）数据分析。考试助手能够自动分析考试数据，包括每个工作人员的考试成绩、试题难度、错误率等，为供电所提供参考依据，帮助供电所更好地了解员工的学习情况和能力。

2. 展示形式

（1）数字化供电所考试改革前。基本采用人工组织、集中考试、集中阅卷、人工登记分数的一种基础模式，存在以下 4 种弊端。

1）考试流程不规范。在没有数字化工具的支持下，供电所的考试流程可能不够规范，例如试卷的批改、考试成绩的统计等环节，可能需要耗费大量的人力和时间。

2）考试数据利用不充分。考试结束后，考试数据可能没有得到充分的利用。在没有数字化工具的情况下，考试数据的分析可能需要大量的人力和时间，而且可能存在误差和疏漏。

3）考试资源不共享。在没有数字化工具的情况下，供电所的考试资源可能没有得到充分的共享和利用。学习材料、模拟试题等资源可能分散在不同的部门或个人手中，难以实现资源共享和最大化利用。

4）考试质量不稳定。在没有数字化工具的情况下，供电所的考试质量可能不稳定。在考试监考方面，可能需要耗费大量的人力和时间来监督考试过程，而且可能存在作弊和疏漏的情况。

（2）数字化供电所考试改革后。提升供电所员工学习的整体效率与质量，可以为供电所带来以下 5 种实际增益。

1）提高考试效率。考试助手可以自动化处理考试流程，包括试卷批改、考试成绩统计等，大大减少了人力和时间成本，提高了考试效率。

2）提升考试质量。考试助手能够实现考试的标准化和规范化，避免人为因素导致的误差和疏漏，提高考试的质量和公正性。

3）增强考试数据利用。考试助手可以自动分析考试数据，为供电所提供准确、全面的数据分析结果，帮助供电所更好地了解员工的学习情况和能力，为人力资源管理和员工培训提供参考。

4）实现考试资源共享。考试助手可以促进供电所内部的学习交流和资源共享，例如通过平台共享学习材料、模拟试题等资源，提高资源的利用效率。

5）提高员工满意度。通过考试助手，员工可以在任何时间、任何地点进行在线考试和学习，提高了考试的灵活性和便利性，从而提高员工对供电所的满意度和归属感。

3. 主要技术

基于界面（UI）的设计，制作前端的交互界面，让员工可以通过 PC 端、手机等载体完成线上答题。将题库上传到数据库，可以灵活调用与随机抽取，同时备份云储存，能够满足在线考试助手的需要与共享。通过算法与大数据，可以完成自动判卷及成绩分析，基于数据的积累，可以进一步量化出每个人的知识盲区、薄弱点，以及供电所的优势、劣势，有方向地提升技术技能。

4. 数字化供电所考试助手改革前后对比

在引入在线考试助手之前，数字化供电所的考试流程不规范、考试数据利用不充分、考试资源不共享、考试质量不稳定等。引入在线考试助手后，数字化供电所的考试管理得到了全面的提升和改善，提高了考试效率和质量，规范了考试流程，实现了资源共享和数据利用，提高了员工的满意度和归属感。

第 3 章

供电所管理人员应用指导

数字化供电所管理就是依托数字化全业务平台，通过建设指标管理、工单管理、服务管理、绩效管理、资产管理、所务管理、日常管理、考勤管理提高工作效率，最终的目的是建立科学的管理机制，而管理机制的形成来源于建设指标看板、工单看板、服务看板、绩效看板、资产看板、所务看板，它们为供电所管理决策提供各项数据支撑。

3.1 指标管理

3.1.1 业务描述

供电所指标专业覆盖面广、层级多、时效性强。现实工作中，各项指标分散于多个专业系统，专业化的垂直管理造成系统间存在信息"壁垒"及数据"孤岛"，线上联动难，员工需频繁切换登录多个系统才能完成指标查询，同时部分指标时效性要求高，需人工不断刷新获取，缺少预警提醒，造成指标处理不及时，数字化供电所正是通过内网移动终端和指标看板实现对指标的管理。

3.1.2 应用目标

为了提高指标精益化管理水平，在数字化供电所指标管理体系中，通过汇集营销业务应用系统、用电信息采集系统、供电服务指挥系统、PMS 等专业系统指标，建立指标看板，包括"营销业务、供电服务、配电网运行、综合业务"四个模块，实现指标"数据同源、统一计算、分级汇总、逐级展示"，为供电所日常管理提供决策支撑。

3.1.3 应用内容

1. 内网移动终端指标管理

内网移动终端指标管理主要包括高压电费回收率、低压电费回收率、95598 投诉数、责任投诉件数、台区月均线损异常数、台区线损异常数、抄表失败用户数、欠费总金额、未签约户数、送电未成功户数、签约未费控户数、重载公共变压器数、过载公共变压器数、三相不平衡公共变压器数、过电压台区数、低电压台区数等。

2. 数字化供电所指标管理

（1）营销业务指标管理。营销业务指标管理主要包括发行电量电费、实收电费、电费回收率、光伏发电上网电量、采集率、覆盖率、费控成功率、台区线损率。在数字化供电所全业务平台中，营销业务指标主要从营销业务应用系统、用电信息采集系统等实时获取电费账务、市场能效、计量线损等数据，按日、周、月、年四个周期进行模块构建。营销业务指标模块构建包含发行电量电费、实收电量电费、电费回收率、光伏发电上网电量等数据，点击电量电费数值可下钻展示台区电费缴纳情况、客户缴费渠道、光伏分布情况等信息。营销业务指标模块中还包含计量采集率、覆盖率、费控成功率、台区线损率等数据，通过点击相应数值，可以看到采集失败、费控不成功、高负损台区等指标异常明细。

（2）供电服务指标管理。供电服务指标管理主要涵盖万户投诉率、百户意见率、服务时限达标率、回访客户量、回访满意率等。数字化供电所全业务平台服务指标构建从供电服务指挥系统获取服务类工单、客户回访等相关数据，按日、月、年三个周期，自动统计汇总数量，计算占比。供电服务指标模块包含投诉意见数量与占比、客户回访满意率、服务时限达标率等数据，点击相应数据可看到投诉详情、意见详情、客户回访详情、责任人、处理状态、处理时限等。

（3）配电网运行指标管理。配电网运行指标管理主要包括供电可靠性、频繁停电、台区重载、台区低电压、台区三相不平衡等。数字化供电所全业务平台配电网运行指标模块构建主要从供电服务指挥系统、PMS 等系统获取线路台区异常信息数据，按日、月、年三个周期构建，配电网运行指标模块显示供电可靠性、频繁停电数量、台区异常状态量（重载、三相不平衡、低电压）等情况。点击相应数据可以看到异常线路、台区详情明细，包括责任人、线路台区停电时长、停电户数、异常当天电压／电流／负荷情况等。同时，可根据手工设置的阈值，点对点派发工单至责任人手机端，辅助开展指标处理、消缺，从而提高指标管理水平。

（4）综合业务指标管理。综合业务指标是指综合排名，此模块的构建参照企业负责人考核模式，建立供电所指标考核规则及评价打分体系，从营销业务应用系统、供电服务指挥系统等多系统获取同业对标数据项，按月自动计算各供电所省、市、县排名，可查看各项指标得分情况。

3.1.4　应用案例

1. 内网移动终端指标管理应用

在内网移动终端，指标查询具体操作步骤如下。

（1）点击首页的"更多功能"，然后点击"我的指标"，进入指标展示界面，如图3-1所示。

（2）点击指标展示栏中任一项，终端跳到指标详细信息。当点击"显示全部"，指标的排序将从低到高显示，如图3-2所示。

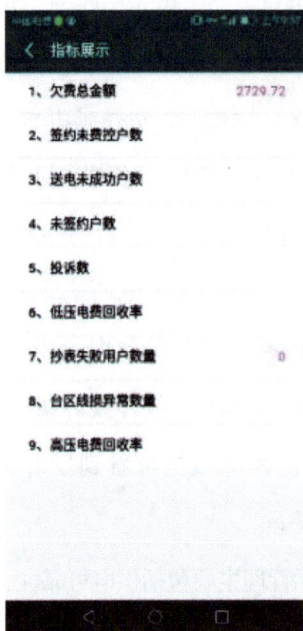

图 3-1　指标查询界面　　　　图 3-2　指标详情界面

2. 数字化供电所指标管理应用

（1）指标管理看板。指标管理看板显示供电所指标的统计图表，包括频繁停电公共变压器数 / 停电时间、抢修不及时到岗工单数 / 报修工单数、线损合格率、电费回收率等。为实现对数字化供电所的指标管理，对响应指标进行分析。

（2）具体操作方法。单击"更多"即可进入指标看板页面，如图3-3所示。

另外，还可点击"⚙"进行指标自定义显示、排序，如图3-4所示。

在指标管理看板页面中，还可按月显示供电所指标评价得分。具体操作步骤如下：单击"更多"进入供电所综合指标评价页面，如图3-5所示。

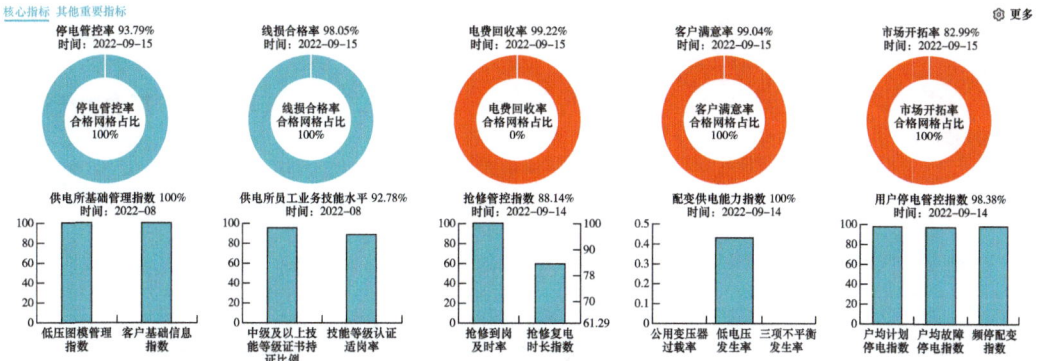

图 3-3　指标看板界面

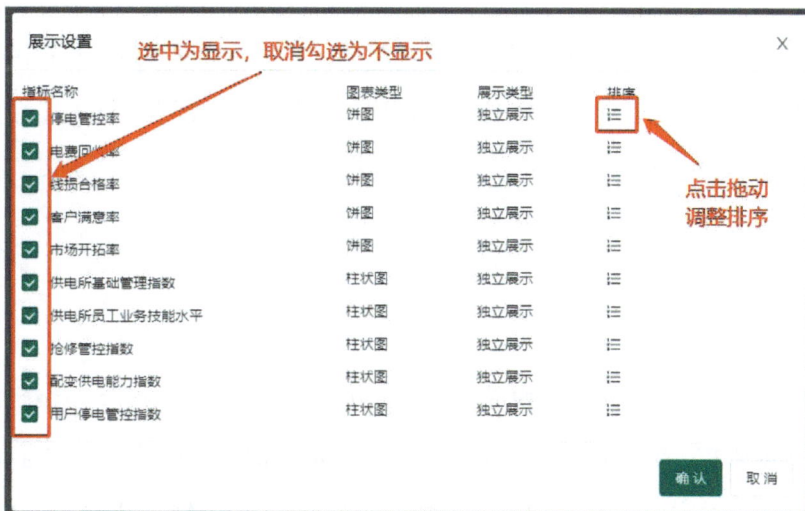

图 3-4　自定义界面

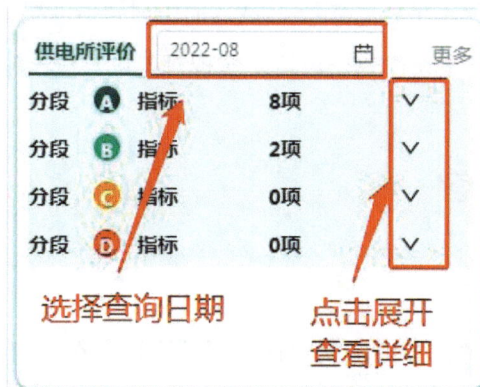

图 3-5　供电所指标评价得分界面

3.2 ———————————————————— 工单管理

3.2.1 业务描述

工单是供电所日常工作量化最直观的体现，但工单往往涉及多个专业系统，比如营销、计量、供电服务、生产等多个业务系统，需频繁登录多套系统进行进度管控，造成跟踪管理不到位、调度转派不及时等问题。同时工单数据缺乏分析统计，管理人员所需数据需登录各业务系统查找后再分类汇总，常常给管理者造成一定困难。国网黑龙江省电力有限公司数字化供电所工单管理正是基于以上问题，通过工单监控、工单中心实现对工单的管理。

3.2.2 应用目标

为实现供电所人员、工单、物资、绩效工分量化统计分析，减少多系统频繁切换，开展工单进度管控，确保供电所业务责任明确、流程清晰、运转高效，为统一管理、统一布置任务提供支撑。数字化供电所工单管理通过汇集营销、设备、安全监管、物资、人资等各专业系统的实时工单数据，依托数字化供电所全业务平台构建工单看板，通过待签收工单、已签收工单、已完成工单三个类别展示工单状态，并设"工单概况、工单调度分析、工单趋势分析"三个模块，实现对工单管理无死角。

3.2.3 应用内容

1. 工单监控管理

数字化供电所对工单监控可在内网移动终端实现。在内网移动终端，对工单监控管理主要是通过待办模块和已办模块，实现对派发所务工单未办理的工单、派发所务工单已办理的工单监控。

工单监控管理主要是通过对工单完成率、超时率的计算实现。计算公式如下：

（1）工单完成率 =（已归档的工单 / 今日总工单）× 100%。

（2）超时率 =（超时工单 / 今日总工单）× 100%。

2. 数字化供电所工单管理

（1）工单数据管理。工单概况数据主要包含工单总数、在途工单数、未签收工单数、预警工单数、超期工单数等。在数字化供电所全业务平台，对工单数据管理按照供电所、台区、员工维度集中展示营销、生产、采集等专业本月已办结工单数量、在途工单数量、待签收工单数量、预警工单数量、超期工单数量。点击显示工单明细，包含工单来源、工单类别、工单编号、生成时间、作业内容、处理人员、作业类型、时限要求、工单状态、预警状态等信息，点击工单编号，可通过语音、短信、"i 国网" App 等方式发送消息，提醒工作人员进行处理。

（2）工单调度分析。工单调度分析主要包括对工单来源系统分布、工单类型分布、工单评价情况、人员工单量分布等进行分析。在数字化供电所全业务平台，通过引入电网地理信息系统（geographic information system，GIS）地图，用不同图标或颜色实时展示工单在地图上的分布情况及工单类，点击图标可展示工单编号、接单时间、工单进度、处理人员，点击工单编号可下钻查看工单进程、工单完成情况、处理时长、处理信息、人员轨迹、已提交附件（现场照片、电子资料签名）等。

（3）工单趋势分析模块构建。工单趋势分析模块涵盖工单时间趋势分布、工单进程信息、工单轨迹、人员定位等内容。在数字化供电所全业务平台，实时接入营销、设备、安全监管、物资、人资等各专业工单，按日、周、月展示各类工单数量，形成工单趋势曲线图，可按工作人员习惯定制曲线图、柱状图或环状图，下钻工单数量可查询工单明细。

3.2.4　应用案例

1. 终端工单监控应用

可在内网移动终端对工单实现监控，具体操作方法：点击首页的"更多功能"，再点击"工单跟踪"，终端自动跳到工单跟踪业务流程，然后录入"工单编号""工单类型""所属单位"，即可查询超时工单或预警工单，如图 3-6 所示。

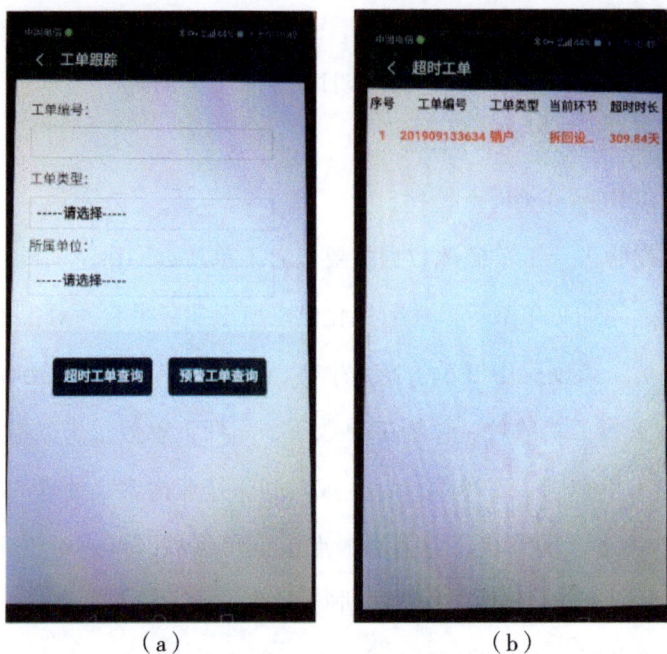

（a）　　　　　　　　　　（b）

图 3-6　工单监控界面

（a）查询界面；（b）显示界面

2. 数字化供电所工单应用

（1）工单中心。工单中心汇集专业系统的工单数据，包括营销系统（指的是营销1.0）、设施工程管理系统（finance and personnel management system，FPMS）、PMS2.0、对象关系映射（object relational mapping，ORM）、95598 客户服务系统、供电服务指挥平台、用户用电信息采集系统的工单基本数据，工单中心模块可实现基本数据集成及查看、工单待办页面跨系统跳转、要素关联等功能，以减少供电所反复操作多个系统处理各专业业务的工作量。同时工单中心可展示供电所自主工单（主要指的是本系统发起的临时工单、计划性工单、异常预警工单等），实现供电所对自主工单的过程管控、跟踪。

（2）具体操作方法。选中菜单"工单驱动"→"工单中心"，进入工单中心页面，如图 3-7 所示。

页面汇聚展示营销系统、FPMS、用电信息采集系统、ORM、95598 客户服务系统、供电服务指挥平台、PMS2.0 等专业系统工单，点击"工单名称"跳转对应系统操作工单或查看工单具体流转情况。点击对应工单"过程要素关联"，即可对工单过程要素进行配置，如图 3-8 所示。

图 3-7　工单中心界面

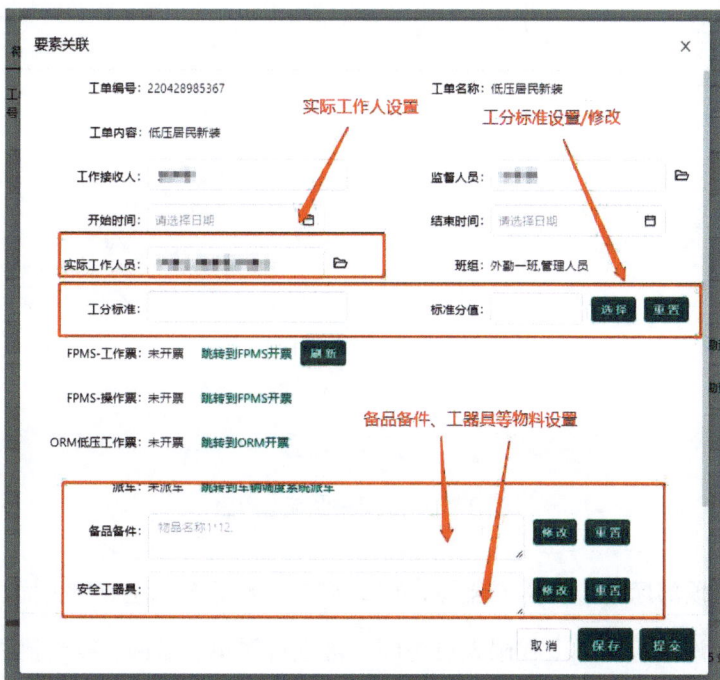

图 3-8　工单过程要素配置界面

过程要素关联完成，点击"提交"，状态即转变为"过程要素查看"，如图 3-9 所示。

左侧侧边栏可对工单来源系统进行筛选，表单顶部可实现"待办工单""已完结工单"标签筛选，如图 3-10 所示。

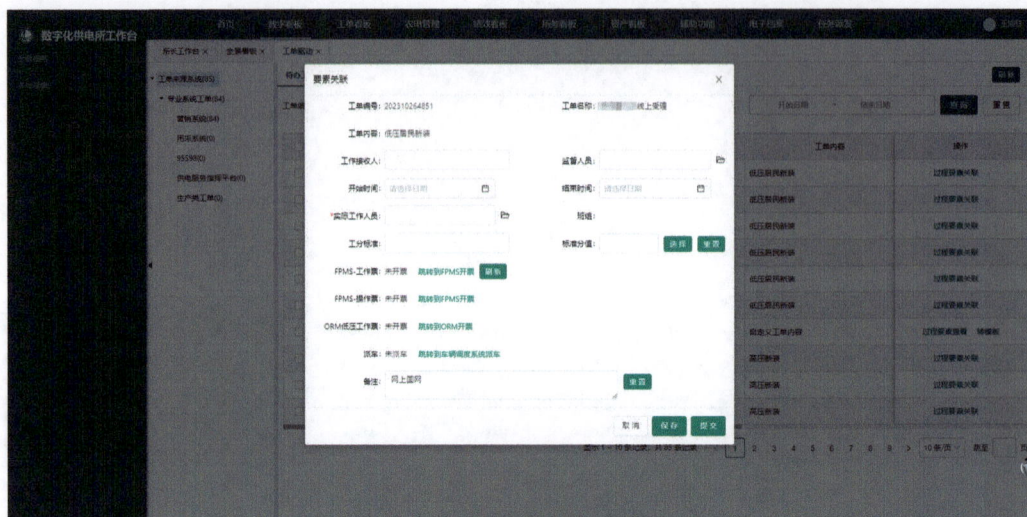

图 3-9　工单过程要素查看界面

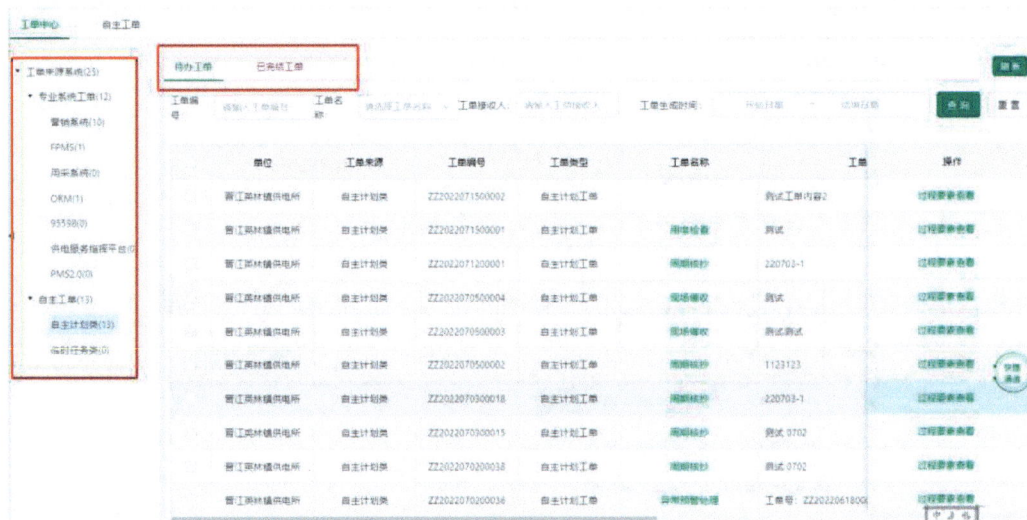

图 3-10　工单来源筛选界面

点击页面顶部标签，切换"自主工单"，则进入本系统自主工单页面。所要注意的是该页面仅允许班组长以上权限人员访问；可进行派单、撤回、查看流程进度、导出等操作功能，如图 3-11 所示。

图 3-11　自主工单界面

3.3　服务管理

3.3.1　业务描述

供电所作为直接面向客户的供电单元，服务满意度是体现供电所整体效能的重要标准，现实工作中，服务工单下派层级多，供电所员工接收信息延迟，服务响应时间长，导致服务不能及时跟踪。加之，供电所人员对服务风险掌控不及时，外勤人员获取信息渠道单一，不能及时掌握台区状态信息，造成服务响应滞后。在对待特殊群体、敏感型客户时，未能形成差异化服务，缺乏精准对接服务，使服务管理存在一定风险隐患。基于工单池汇聚的 95598 客户服务系统、供电服务系统等全量服务工单，服务管理复用标签建设成果及营销稽查数据，以此解决工作人员获取服务信息不及时、渠道单一等问题，辅助工作人员提升服务能力。

3.3.2　应用目标

数字化供电所服务管理应用目标主要包含服务风险主题分析、风险指数分析、服务风险预警、精准服务分析、客户热点分析、服务风险监测、服务质量分析、智能服务建设、服务态势分析等关键内容，以此通过客户诉求风险管控应用系统实现闭环风险管控。

3.3.3　应用内容

1. 服务风险主题分析

国网黑龙江省电力有限公司开发的供电所风险闭环管控监测预警应用系统对服务风险主题分析主要从七个方面入手，涵盖自动化工单筛查、用电业务主题分析、风险客户主题分析、风险诉求主题分析、话务异动主题分析、区域风险主题分析、服务专项主题分析等。其中，自动化工单筛查是为缓解人工筛查工单内容导致工作量过大的问题，建立自动化筛查规则，实现自动化工单（含回单）筛查，切实减少业务人员工作量，提升工作效率。用电业务主题分析主要是对于用电业务主题场景进行风险分析，对用电业务主题进行风险预警监测，业务主题中包括业扩报装、电价电费、电能计量等方面的服务风险主题。风险客户主题分析主要针对曾经投诉、有过投诉意向的风险客户进行分析，对风险客户进行预警监测，从而做到早预防。风险诉求主题分析主要对于满足风险指数条件的风险诉求主题进行场景风险分析，针对停电问题、停电报修等常发生的诉求主题进行分析定位。话务异动主题分析主要是查看选定时间内各个供电单位的风险主题及风险工单的数量，并对话务异动风险工单的详细情况进行分析。区域风险主题分析主要是针对某一区域服务风险主题进行分析，同时利用区域服务风险预警指数成果，对一定时间内满足一定级别阈值的风险工单的数量及风险工单的详细情况进行查看分析。服务专项主题分析是通过 95598 客户报修数据和停电信息数据分析配电网供电质量情况，通过分析停电设备的信息，结合客户故障报修信息，从而查找电网薄弱点。服务专项主题分析内容主要从频繁停电、电压质量不稳及停电情况三个角度分析供电质量问题，并输出停电专题的分析报告，继而供业务人员按照供电公司、时间、客户诉求等维度进行检索应用。

2. 风险指数分析

风险指数分析是指对达到一定风险级别区域的客户来电进行分析。风险客户主要包括投诉客户、违约用电客户、特殊类型客户。风险诉求是指某个区域内达到一定风险变化量的客户诉求。在风险等级中设定了黄、橙、红三级进行区分，黄色级别最低，红色最高。国网黑龙江省电力有限公司创建的数字化供电所在对服务风险指数分析时，分别包含热力指数评估、紧急指数评估、情感指数评估、业务数变化指数评估、客户诉求风险量化、区域风险指数等六个方面。其中，热力指数评估主要针对客户诉求识别结果中的各类诉求，依据诉求当前话务数、前一时间节点话务数、话务加权平均数等数据进行加工及计算，得到诉求的热力指数。紧急指数评估主要是针对客户诉求识别结果中的各类诉求，通过诉求紧急得分进行评估分析，诉求分为一级诉求、二级诉求、三级诉求三种。情感指数评估是利用基于语义分析的情感分析技术，建立客户情感分析模块，对客户语音转译及工单受理内容文本进行情感判定，最终输出诉求的情感指数。业务数变化指数评估是针对客户诉求识别结果中的各类诉求，通过计算每类诉求下不同业务类型工单数量的变异系数、波动幅度等因子，计算客户诉求的业务数变化指数，作为风险评估的指标之一。客户诉求风险量化依据不同指标对客户诉求风险影响程度的不同，利用熵权法等计算各指标权重，结合热力指数、紧急指数、情感指数和业务数变化指数四个指标值，拟合得到客户诉求的风险得分，实现风险量化。区域风险指数是根据供电公司（供电所）辖区、台区的用电客户诉求量、诉求类型、来电次数、客户类别属性等因子构建区域风险指数，该指数包括重复来电、服务申请、故障报修、意见工单、投诉工单、敏感客户等维度，并根据各个因子的权重值不同，加权得出该区域的风险指数。

3. 服务风险预警

服务风险预警是对风险客户、风险诉求和风险主题进行监测识别，并将识别出的风险进行主动预警，提醒业务管理人员进行处置。国网黑龙江省电力有限公司开发的供电所风险闭环管控监测预警应用系统在服务风险预警管理上主要包含风险台账管理、预警识别监测、待办预警事件（地市、区县权限）、待办预警事件（地市和省级权限）、待复核预警事件、已办预警事件等六个部分。其中，风险台账管理是针对发生过投诉的客户，形成风险客户台账，展示户号、姓名、电话、地址、台区、区县、地市等信息，提供人工维护和批量导入平台，以对风险客户的台账信息进行管理。预警识别监测是对风险客户、风险诉求和风险主题等预警信息进行监测识别。识别到的预警信息会自动推送到相应供电单位，提示进行处理。待办预警事件（地市、区县权限）是地市、区县对收到的风险预警工单进行审核处理。在系统中它可以通过工单编号、单位名称（市）、供电单位、业务类型、业务一级类型、业务二级类型、业务三级类型、是否风险客户、是否风险主题、是否风险意见、受理时间、预警等级、风险类型、是否一次办结等条件进行查询。待办预警事件（地市和省级权限）是对地市和省级提供的风险预警工单的详情进行查看。在系统中它可以通过工单编号、单位名称（市）、供电单位、业务类型、业务一级类型、业务二级类型、业务三级类型、是否风险客户、是否风险主题、是否风险意见、受理时间、预警等级、风险类型、是否一次办结等条件进行查询。待复核预警事件是地市公司对区县公司提交的风险工单的具体意见建议进行复核。若地市公司与区县单位意见一致，则进入已办预警事件，进行归档，否则退回区县公司重新审核提交。在系统中它可以通过工单编号、客户类别、客户等级、敏感类型、来电频次、单位名称（市）、供电单位、客户编号、客户名称、业务类型、联系电话、受理内容等条件进行查询。已办预警事件是对处理完成的风险预警工单进行归档。在系统中它可以通过工单编号、客户类别、客户等级、敏感类型、来电频次、单位名称（市）、供电单位、客户编号、客户名称、业务类型、联系电话、受理内容等条件进行查询。

4. 精准服务分析

精准服务分析主要是对客户来电工单中档案信息（户号、联系电话、用电地址等）不完善的情况进行分析，并对其修改完善，以解决营销普查档案不完善等问题。同时，通过人工判断的方式，判断客户重复来电是否为同一诉求、诉求升级，从而实施精准服务。精准服务分析主要包括营销档案精准应用、重复来电分析监测两个部分。其中，营销档案精准应用在系统中主要是通过标注档案推荐，在服务风险监测模块下，展示档案分析清单。区县公司为校核权限，地市和省公司为管理权限，区县公司可以主动发起校核任务，由相应的区县公司进行校核操作。重复来电分析监测以报表月为统计维度，在服务风险监测模块下，查看重复来电的情况和来电工单详情，以此进行精准服务分析。

5. 客户热点分析

客户热点分析主要包括客户诉求分析、客户热点分析两个部分。国网黑龙江省电力有限公司创新建设的数字化供电所基于语音转译文本数据和客户服务诉求体系，通过客户诉求识别模型识别出每条工单的客户诉求，并对客户诉求识别结果信息进行分析。客户热点分析主要对频繁停电、服务行为、非口头承诺未兑现、施工不规范、低

电压、电价电费、电能计量、催缴费、供电能力、超时限、客户安全用电等风险进行
筛选，并通过多维画像的方法，加强全渠道诉求管控，规范服务流程和行为，减少客
户投诉，杜绝重大服务事件的发生。

（1）多维画像。多维画像是指通过画像的方式展示供电所概况、荣誉、特色等内
容。多维画像的特点就在于全方位显示供电所概况、工作内容、服务内容等。国网黑
龙江省电力有限公司创新的数字化供电所在多维画像上主要针对所辖区域每一个客户
的基本资料，包括公司名称、客户类别、用电地址、用电容量进行画像评估，为客户
诉求分析、客户热点分析提供基础资料。

（2）客户诉求分析。客户诉求是指客户通过 95598 热线反映的供电服务需求，与
事件严重程度不存在直接关系。国网黑龙江省电力有限公司开发的供电所风险闭环管
控监测预警应用系统的客户诉求分析主要包括客户诉求识别、异动分析、诉求分类体
系建设、客户诉求管理、新诉求线索发现等五个方面。其中，客户诉求识别在系统中
是通过设置场景类、受理时间（开始时间和结束时间）这两个条件，对客户诉求识别
结果和工单信息进行宽表展示。异动分析是对不同区域话务情况的周小时平均、日小
时平均进行环比分析展示，并可以进行详情的查看。它主要展示不同供电单位话务情
况的日小时平均环比超 50% 的异动情况，并对引起异动变化的排名前五的业务类型
（到三级类型）进行展示分析。诉求分类体系建设是指客户通过 95598 热线反映的供电
服务需求，与事件严重程度不存在直接关系。为了更好更全面地反映客户诉求，依据总
部客服中心的客户诉求分类体系，结合省公司近两年所有客户的通话记录数据，建立省
侧客户诉求分类体系，包括缴费类、表计类、用电业务、停电问题等多类供电服务业务，
结合省侧具体诉求特点，进行不同类型诉求分类的完善和优化，形成省侧个性化客户诉
求分类体系。客户诉求管理主要通过客户诉求清单，查看每日工单对应的一级、二级、
三级诉求名称，对一级、二级、三级诉求的分布、增幅情况进行查询。新诉求线索发
现是指利用新词发现，关联词语挖掘手段，自动识别与历史文本有所差异的文本特征，
作为发现新诉求的线索。业务人员通过分析该线索及关联的文本信息，审核其是否为
新诉求，若为新诉求，则需为该诉求指定名称、进行定义说明及描述举例。

6. 服务风险监测

服务风险预警监测是对风险客户和风险主题进行监测识别，并将识别出的风险进

行主动预警，提醒业务管理人员进行处置。服务风险类型分为风险客户、风险诉求和风险主题三类，具体风险定义如下。

（1）风险客户。在客户诉求风险管控应用系统中，将曾经投诉过的客户和被系统标识为停电敏感、服务态度敏感、电压敏感、费率敏感的客户定义为风险客户，风险客户主要表现形式如下，并以如下形式定义。

1）停电敏感客户：客户 1h 内来电三次以上，均反映停电相关问题的。

2）服务态度敏感客户：客户曾来电反映过供电公司相关人员服务态度差相关问题的。

3）电压敏感客户：在通话内容中查找"电压低"这类的关键词，将带有这些关键词的工单定义为电压敏感的工单，该工单对应的客户即为电压敏感客户。

4）费率敏感客户：在通话内容中查找"欠费"这类的关键词，将带有这些关键词的工单定义为费率敏感的工单，该工单对应的客户即为费率敏感客户。

（2）风险诉求。由各类诉求热力指数、紧急指数、情感指数、业务变化数指数得出风险量化指数。

风险诉求：某个区域内达到一定风险变化量的客户诉求。

（3）风险主题。

1）用电业务主题：到过营业厅，再次通过 95598 反馈用电诉求。

2）风险客户：投诉客户、违约用电客户、特殊类型客户。

3）风险诉求：某个区域内达到一定风险变化量的客户诉求。

4）话务异动：一定时间段内话务的异常波动（同比、环比监测）。

5）风险指数：达到一定级别风险区域的风险指数客户来电。

6）风险等级设定了黄、橙、红三级进行区分，黄色级别最低，红色最高。

7. 服务质量分析

为了对服务质量进行评价，根据日常服务管理考评设定评价的主题，构建质效指标基础库，支撑评价主题的评价指标选择，包括供电服务十项承诺的达成情况、同业之间对标指标的情况，以及用户进行自行设置服务主题的情况。

8. 智能服务建设

智能服务建设就是任务单位接收到管理部门下派的工作任务，然后查询待办工作任务单。

9. 服务态势分析

服务态势分析包括对风险预警的统计分析、数据管理两部分内容。

3.3.4 应用案例

1. 服务风险主题分析应用

国网黑龙江省电力有限公司开发的供电所风险闭环管控监测预警应用系统中服务风险主题主要涵盖自动化工单筛查、用电业务主题分析、风险客户主题分析、风险诉求主题分析、话务异动主题分析、服务专项主题分析等七个方面，各部分具体的分析功能及查询方法如下。

（1）自动化工单筛查。

1）菜单位置："服务风险预警"→"服务风险主题"→"自动化工单筛查分析"。

2）查看选定时间内各个供电单位自动化工单筛查分析风险工单的数量，点击"查看详情"，可查看自动化工单筛查分析风险工单的详细情况，如图 3-12 所示。

图 3-12　自动化工单筛查界面

向右拖动滚动条，出现"查调"，点击"查调"，可以查看工单信息和话务详情。如图 3-13 所示。

图 3-13　工单信息和话务详情界面

（2）用电业务主题分析。

1）菜单位置："服务风险预警" → "服务风险主题" → "用电业务主题分析"。

2）查看选定时间内各个供电单位用电业务主题分析风险工单的数量，如图 3-14 所示。

图 3-14　用电业务主题分析界面

点击"查看详情"，可查看当前供电单位用电业务主题分析风险工单的详情，如图 3-15 所示。

向右拖动滚动条，出现"查调"，点击"查调"，可以查看工单信息和话务详情，如图 3-16 所示。

图 3-15　用电业务主题分析风险工单的详情界面

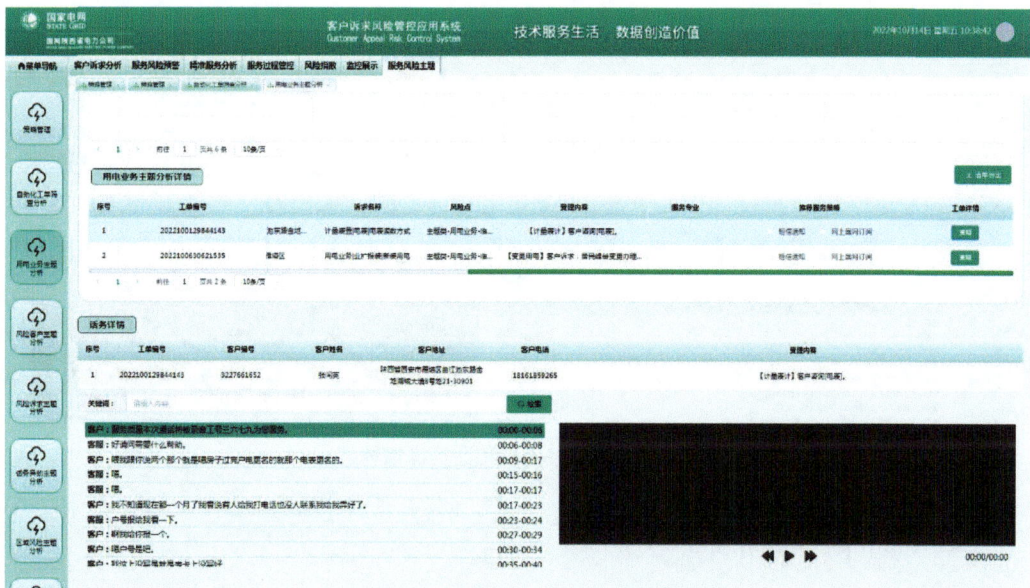

图 3-16　工单信息和话务详情界面

（3）风险客户主题分析。

1）菜单位置："服务风险预警"→"服务风险主题"→"风险客户主题分析"。

2）查看选定时间内各个供电单位风险客户主题分析风险工单的数量，点击"查看详情"，可查看风险客户主题分析风险工单的详细情况，如图 3-17 所示。

向右拖动滚动条，出现"查调"，点击"查调"，可以查看工单信息和话务详情，如图 3-18 所示。

图 3-17　风险客户主题分析界面

图 3-18　工单信息和话务详情界面

（4）风险诉求主题分析。

1）菜单位置："服务风险预警"→"服务风险主题"→"风险诉求主题分析"，如图 3-19 所示。

2）查看选定时间内各个供电单位风险诉求主题分析风险工单的数量，点击"查看详情"，可查看风险诉求主题分析风险工单的详细情况，如图 3-20 所示。

向右拖动滚动条，出现"查调"，点击"查调"，可以查看工单信息和话务详情，如图 3-21 所示。

（5）话务异动主题分析。

1）菜单位置："服务风险预警"→"服务风险主题"→"话务异动主题分析"。

图 3-19　风险诉求主题分析界面

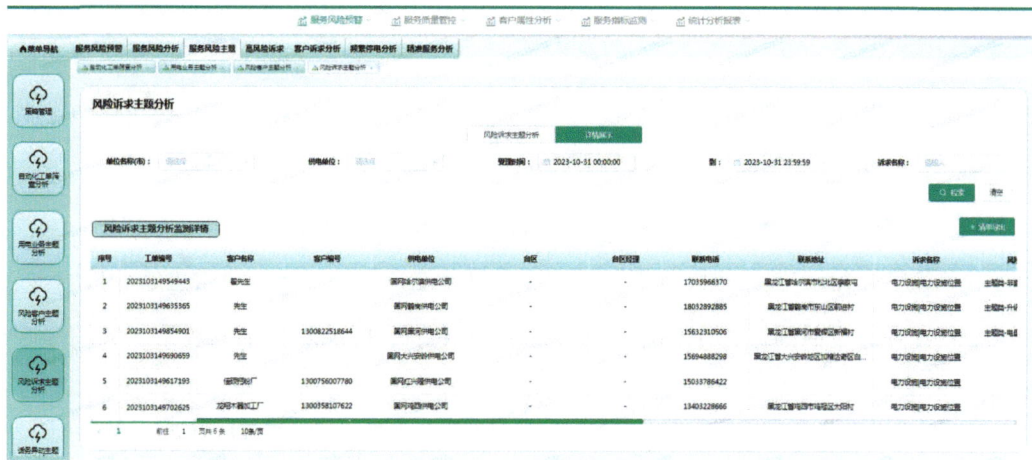

图 3-20　当前供电单位风险诉求主题分析风险工单的详情界面

图 3-21　工单信息和话务详情界面

2）查看选定时间内各个供电单位话务异动主题分析风险工单的数量，如图 3-22
所示。

图 3-22　话务异动主题分析界面

（6）区域风险主题分析。

1）菜单位置："服务风险预警"→"服务风险主题"→"区域风险主题分析"。

2）查看选定时间内各个供电单位区域风险主题分析风险工单的数量，如图 3-23
所示。

图 3-23　区域风险主题分析界面

点击"查看详情"，可查看当前供电单位区域风险主题分析风险工单的详情，如图

3-24 所示。

图 3-24　区域分析主题分析风险工单的详情界面

向右拖动滚动条，出现"查调"，点击"查调"，可以查看工单信息和话务详情。如图 3-25 所示。

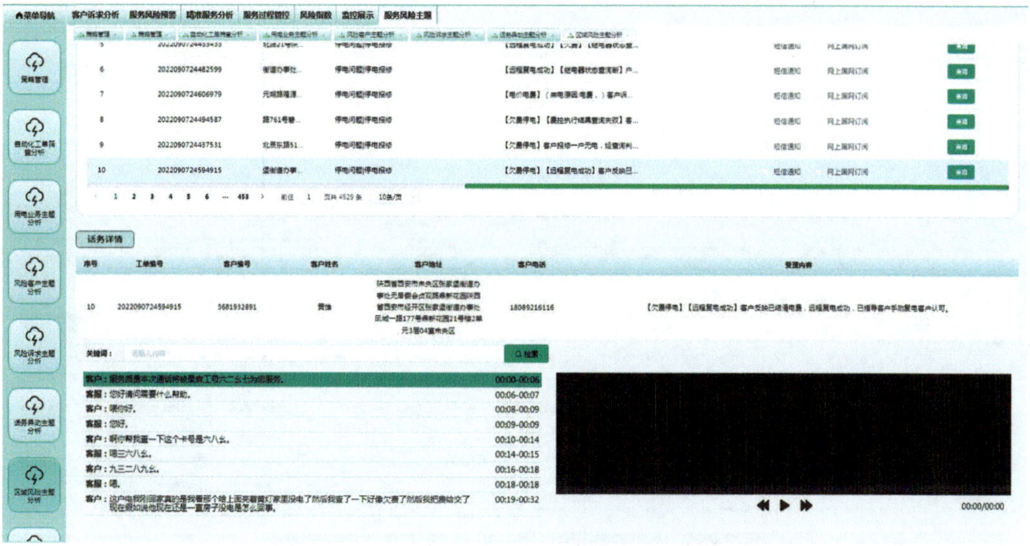

图 3-25　工单信息和话务详情界面

（7）服务专项主题分析。

1）菜单位置："服务风险预警"→"服务风险主题"→"服务专项主题分析"。

2）查看选定时间内各个供电单位的服务专项主题分析风险工单的数量，如图 3-26
所示。

图 3-26　服务专项主题分析界面

点击"查看详情"，可查看当前供电单位服务专项主题分析风险工单的详情，如图
3-27 所示。

图 3-27　服务专项主题分析风险工单的详情界面

向右拖动滚动条，出现"查调"，点击"查调"，可以查看工单信息和话务详情。
如图 3-28 所示。

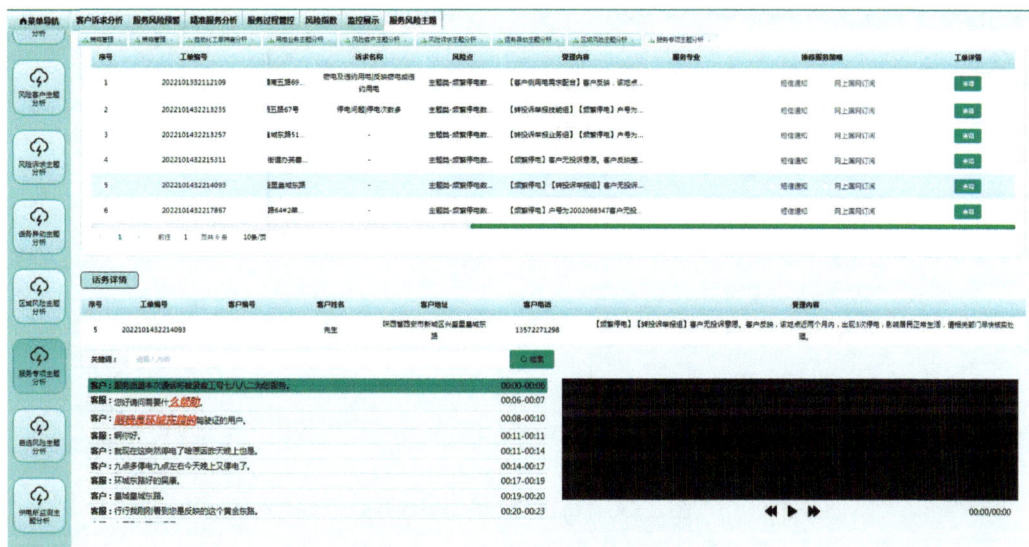

图 3-28　工单信息和话务详情界面

2. 风险指数分析应用

（1）热力指数评估。

1）热力指数明细。选择日期，查看宽表中显示的该时间段以供电单位为维度的热力指数，如图 3-29 所示。

图 3-29　热力指数界面

2）热力指数每日排名前十诉求名称。选择日期，点击"检索"，查看宽表中该时间段以供电单位为维度的每日前十热力指数，如图 3-30 所示。

图 3-30　每日前十热力指数界面

3）热力指数变化趋势图。选择日期，点击"检索"，查看宽表中出现的该时间段的热力指数变化趋势图，如图 3-31 所示。

图 3-31　热力指数变化趋势图界面

（2）紧急指数评估。针对客户诉求识别结果中的各类诉求，通过诉求紧急得分。

菜单位置："客户属性分析"→"风险指数"→"紧急指数评估"。

1）紧急指数明细展示。可通过单位名称（市）、供电单位、一级诉求、二级诉求、三级诉求、日期来查找想要的内容，查看宽表中该时间段以供电单位为维度的紧急指数，如图 3-32 所示。

图 3-32　紧急指数界面

2）紧急指数每日排名前十诉求名称展示。可通过日期来查找，查看宽表中显示的该时间段以供电单位为维度的每日前十紧急指数。

3）紧急指数变化趋势图。选择受理时间，点击"检索"，查询完成之后查看下方该时间段的紧急指数变化趋势图，如图 3-33 所示。

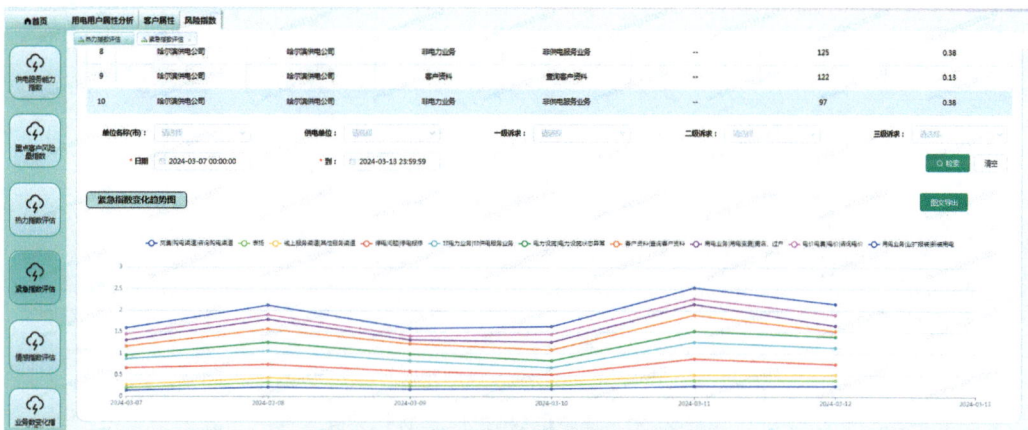

图 3-33　紧急指数变化趋势图界面

（3）情感指数评估。利用基于语义分析的情感分析技术，建立客户情感分析模块，对客户语音转译及工单受理内容文本进行情感判定，最终输出诉求的情感指数。

菜单位置："客户属性分析"→"风险指数"→"情感指数评估"。

1）情感指数明细展示。选择日期，点击"检索"来查找该时间段所有地市以供电单位为维度的情感指数，如图 3-34 所示。

图 3-34　情感指数界面

2）情感指数明细文本详情。点击情感指数明细查询出来的结果中的"文本详情"，点击过后在下方宽表中显示对应条数的工单，如图 3-35 所示。

图 3-35　情感指数明细文本详情界面

3）文本详情查调。点击操作中的"查调"，在下方会显示该工单的话务状态，如图 3-36 所示。

4）情感指数每日排名前十诉求名称展示。选择日期，点击"检索"，查看宽表中显示的该时间段以供电单位为维度的每日前十情感指数，如图 3-37 所示。

5）情感指数变化趋势图。选择日期，点击"检索"，查看下方出现的该时间段的

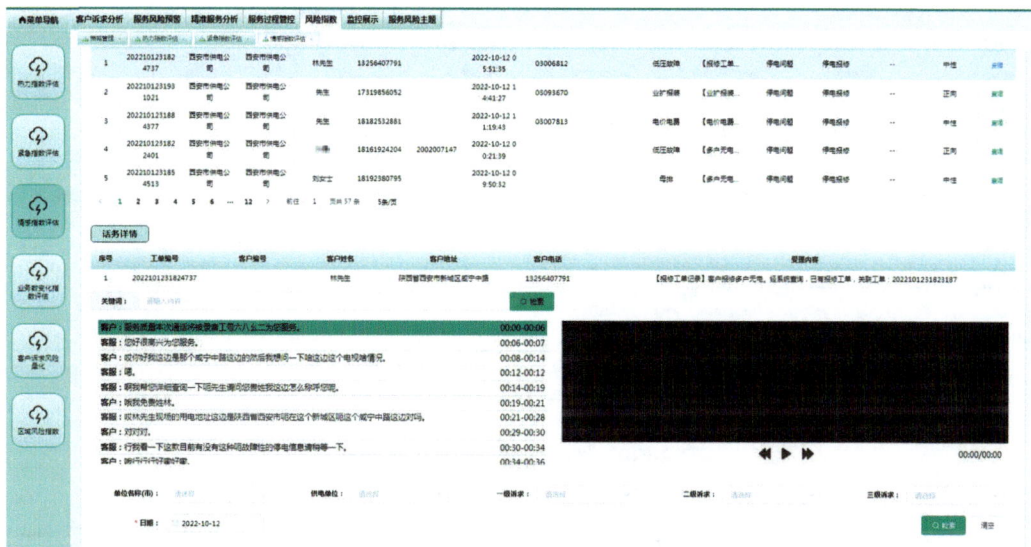

图 3-36　工单的话务状态界面

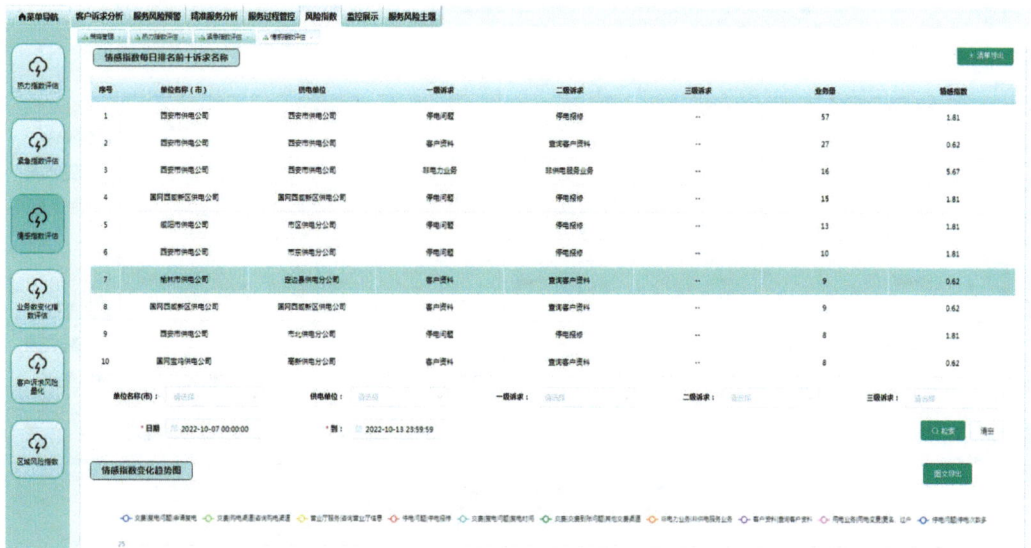

图 3-37　每日前十情感指数界面

情感指数变化趋势图，如图 3-38 所示。

（4）业务数变化指数评估。针对客户诉求识别结果中的各类诉求，通过计算每类诉求下不同业务类型工单数量的变异系数、波动幅度等因子，计算客户诉求的业务数变化指数，作为风险评估的指标之一。

菜单位置："客户属性分析"→"风险指数"→"业务数变化指数评估"。

图 3-38　情感指数变化趋势图界面

1）业务数变化指数明细展示。选择日期，点击"检索"按钮，查看宽表中该时间段以供电单位为维度的业务数变化指数，如图 3-39 所示。

图 3-39　业务数变化指数明细展示界面

2）业务数变化指数每日排名前十诉求名称展示。选择日期，点击"检索"，查看下方宽表中该时间段以供电单位为维度的每日前十业务数变化指数，如图 3-40 所示。

3）业务数变化指数变化趋势图。选择日期，点击"检索"，查看该时间段的业务变化趋势图，如图 3-41 所示。

（5）客户诉求风险量化。依据不同指标对客户诉求风险影响程度的不同，利用熵权法等计算各指标权重，结合热力指数、紧急指数、情感指数和业务数变化指数四个指标值，拟合得到客户诉求的风险得分，实现风险量化。

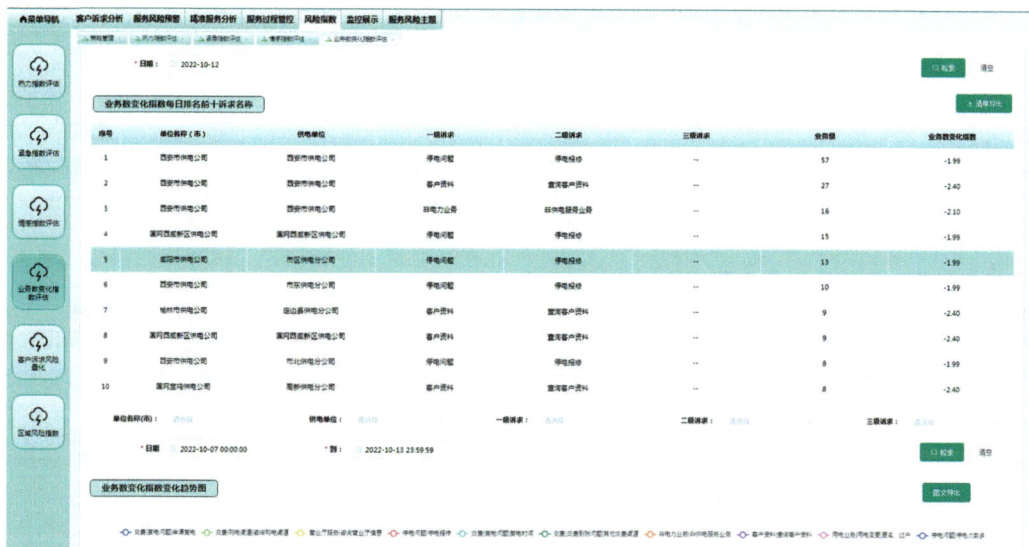

图 3-40　业务数变化指数每日排名前十诉求名称展示界面

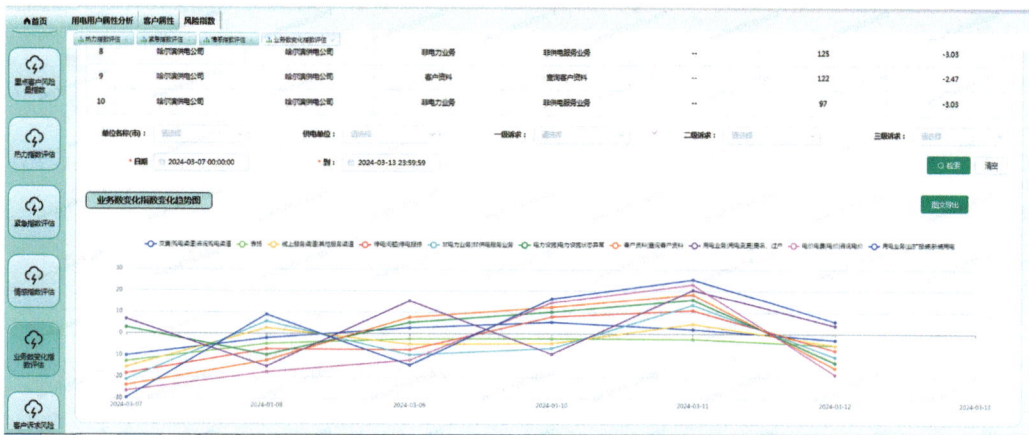

图 3-41　业务数变化指数变化趋势图界面

菜单位置："客户属性分析"→"风险指数"→"客户诉求风险量化"。

1）客户诉求风险量化指数每日排名前十诉求名称。选择日期，点击"检索"，下方宽表中会显示该时间段每日前十客户诉求风险量化指数，如图 3-42 所示。

2）客户诉求风险量化指数变化趋势图。选择开始日期与结束日期，点击"检索"，下方宽表中会显示该时间段的客户诉求风险量化指数变化趋势图，如图 3-43 所示。

（6）区域风险指数。根据供电公司（供电所）辖区、台区的用电客户诉求量、诉求类型、来电次数、客户类别属性等因子构建区域风险指数，该指数包括重复来电、

图 3-42　每日前十客户诉求风险量化指数界面

图 3-43　客户诉求风险量化指数变化趋势图界面

服务申请、故障报修、意见工单、投诉工单、敏感客户等维度，并根据各个因子的权重值不同，加权得出该区域的风险指数。

菜单位置："客户属性分析"→"风险指数"→"区域风险指数"。

选择日期，点击"检索"，下方宽表中会显示该时间段的重复来电数量、服务申请数量、故障报修数量、意见工单数量、投诉工单数量、不满意工单与重复来电的信息，如图 3-44 所示。

3. 服务风险预警

（1）风险台账管理。菜单位置："客户属性分析"→"用电用户属性分析"→"风险台账管理"。

图 3-44　区域风险指数展示界面

1）风险客户台账。风险客户台账主要展示风险客户信息，如图 3-45 所示。

图 3-45　风险客户台账展示界面

点击"查阅"，即可查看当前风险客户的历史工单信息。

a. 风险客户台账管理。对风险客户台账可进行增加、删除、修改等操作，如图 3-46 所示。

b. 风险客户批量新增。提供风险客户清单的批量导入功能，便于信息维护，如图 3-47 所示。

2）风险主题台账管理。用于针对引发风险诉求的客户行为，建立主题分析台账。展示风险主题、主题定义、业务关注点、风险等级等信息，并提供人工维护和批量导

图 3-46　风险客户台账管理界面

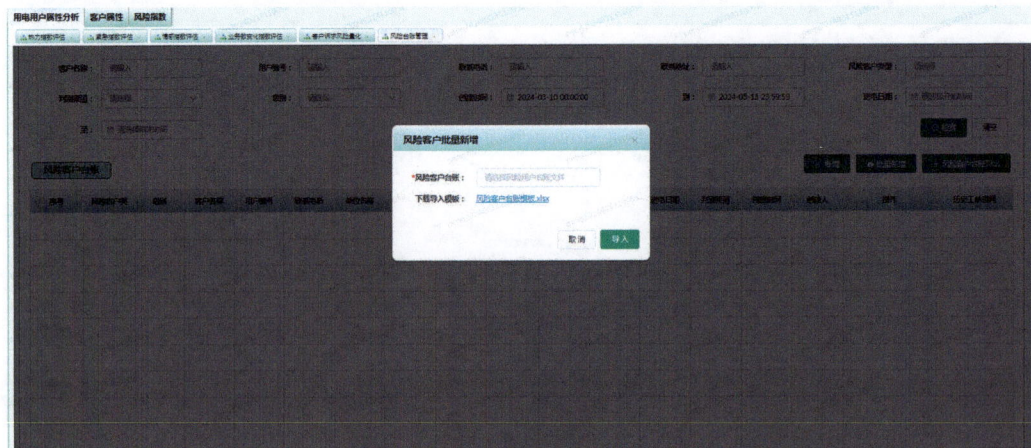

图 3-47　风险客户批量新增界面

入功能，便于对台账信息进行维护。

a. 风险主题台账。对风险主题台账的风险主题、主题定义、业务关注点、风险等级等信息进行展示。

b. 风险主题台账管理。对风险主题台账进行增加、删除、修改操作，如图 3-48、图 3-49 所示。

c. 风险主题批量新增。提供风险主题清单的批量导入功能，便于信息维护，如图 3-50 所示。

（2）预警识别监测。

菜单位置："服务风险预警"→"服务风险预警"→"预警监测识别"。

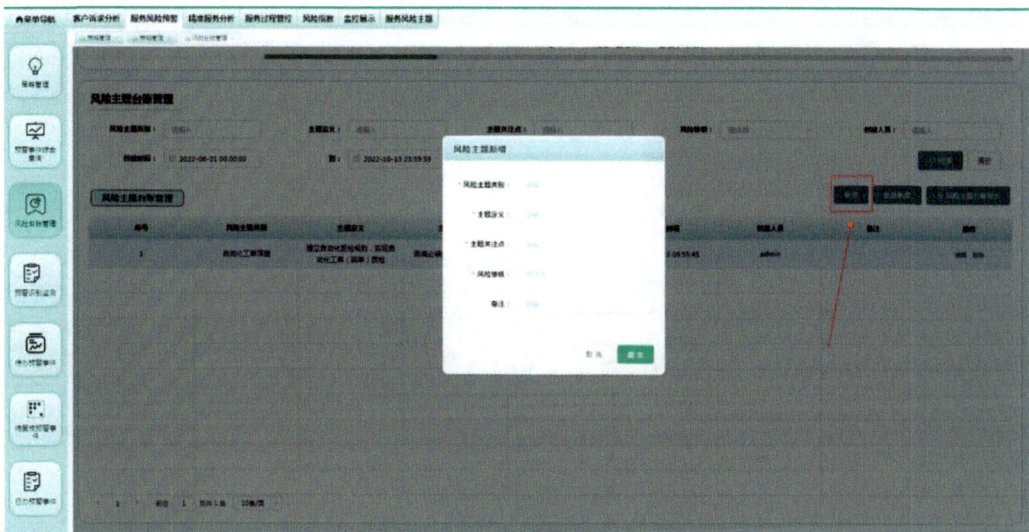

图 3-48 风险主题台账管理"新增"界面

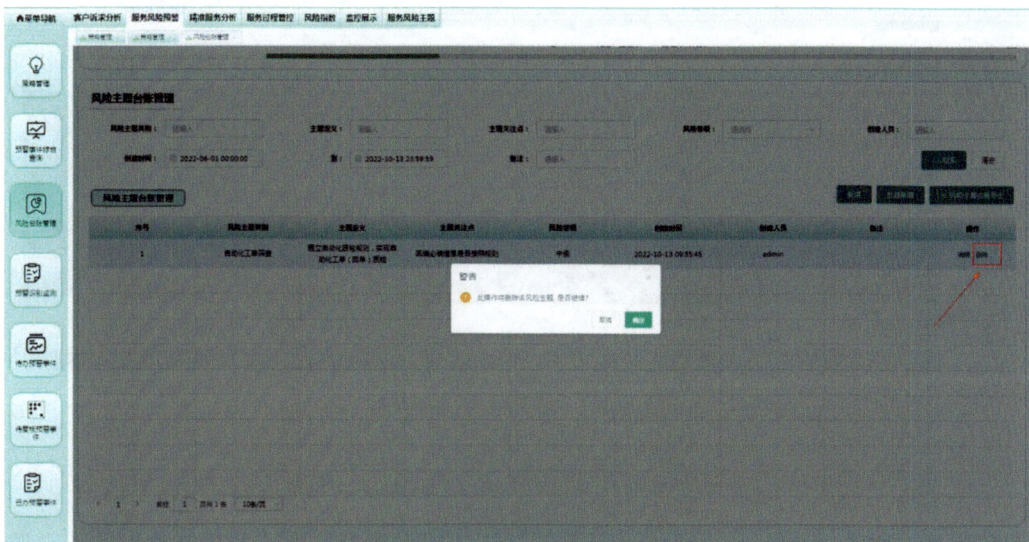

图 3-49 风险主题台账管理"删除"界面

对风险客户、风险诉求和风险主题等预警信息进行监测识别。识别到的预警信息会自动推送到相应供电单位，提示进行处理。该功能对区县、地市和省公司全部开放，对应权限用户只能看到所属辖区内的信息，如图 3-51 所示。

（3）待办预警事件（地市、区县权限）。待办预警事件功能是地市、区县对收到的风险预警工单进行审核处理。

菜单位置："服务风险预警"→"服务风险预警"→"待办预警事件"。

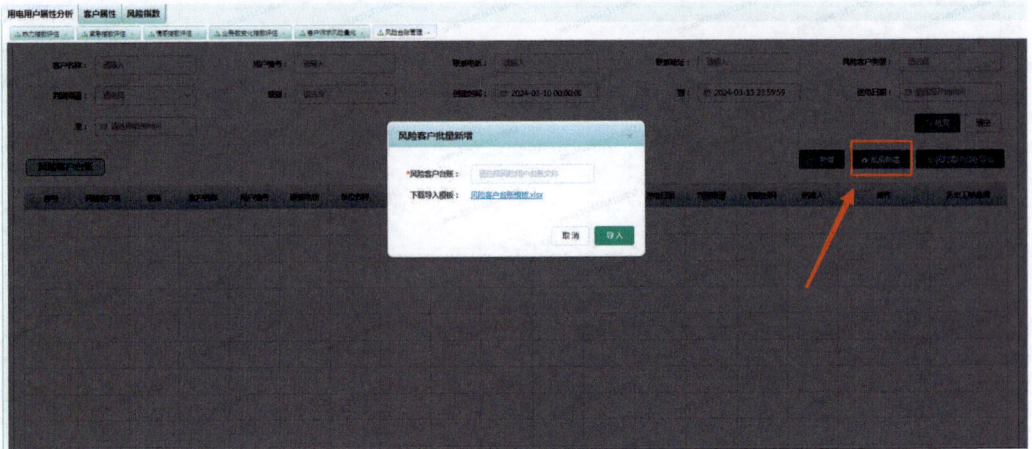

图 3-50　风险主题批量新增界面

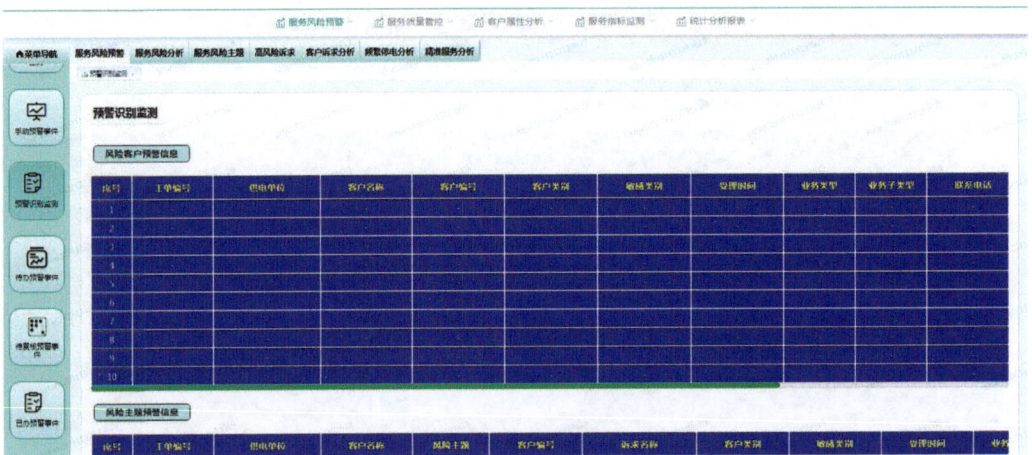

图 3-51　预警识别监测界面

展示待办预警事件清单宽表，并可以通过工单编号、单位名称（市）、供电单位、业务类型、业务一级类型、业务二级类型、业务三级类型、是否风险客户、是否风险主题、是否风险意见、受理时间、预警等级、风险类型、是否一次办结等条件进行查询，如图 3-52 所示。向右拖动滚动条出现"派单"和"操作"。

点击"填写模板下载"，可以下载处理环节信息（供电所及台区经理处理情况）填写模板；点击"详情"，可以查看当前工单的话务详情。提供关键词检索和风险主题命中词语高亮提示，便于快速定位风险情况，如图 3-53 所示。

点击"派单"，出现派单界面，展示风险工单详情和话务详情，区县公司在处理环节可以选择当前风险工单是否派发给供电所和台区，如图 3-54 所示。

图 3-52 待办预警事件界面

图 3-53 快速定位风险情况界面

如果选择"否",那么下发派单信息无须填写;点击"确定",跳转至区县审核界面,如图 3-55 所示。

区县公司直接在审核界面填写相关处理环节信息,此处支持过程文档上传(使用待办预警界面下载的模板,填写后可以上传,自动填写相关信息),如图 3-56 所示。

(4)待办预警事件(地市和省级权限)。待办预警事件功能对地市和省级提供风险预警工单的详情查看权限。

菜单位置:"服务风险预警"→"服务风险预警"→"待办预警事件"。

展示待办预警事件清单宽表,并可以通过工单编号、单位名称(市)、供电单位、业务类型、业务一级类型、业务二级类型、业务三级类型、是否风险客户、是否风险

图 3-54　展示风险工单详情和话务详情界面

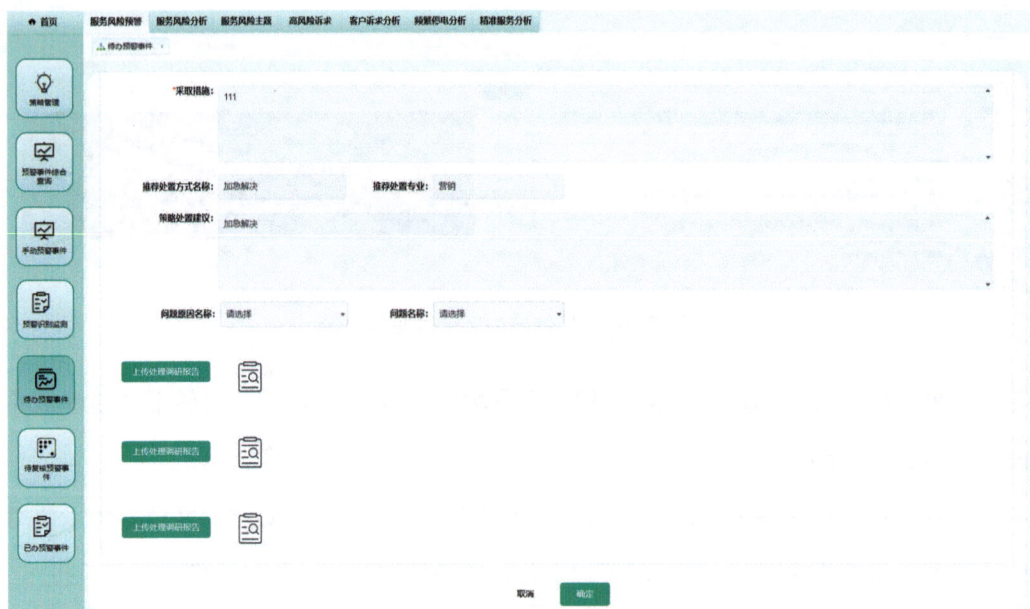

图 3-55　区县审核界面

主题、是否风险意见、受理时间、预警等级、风险类型、是否一次办结等条件进行查询。

该功能省公司无须审核操作（仅保留查看功能）。

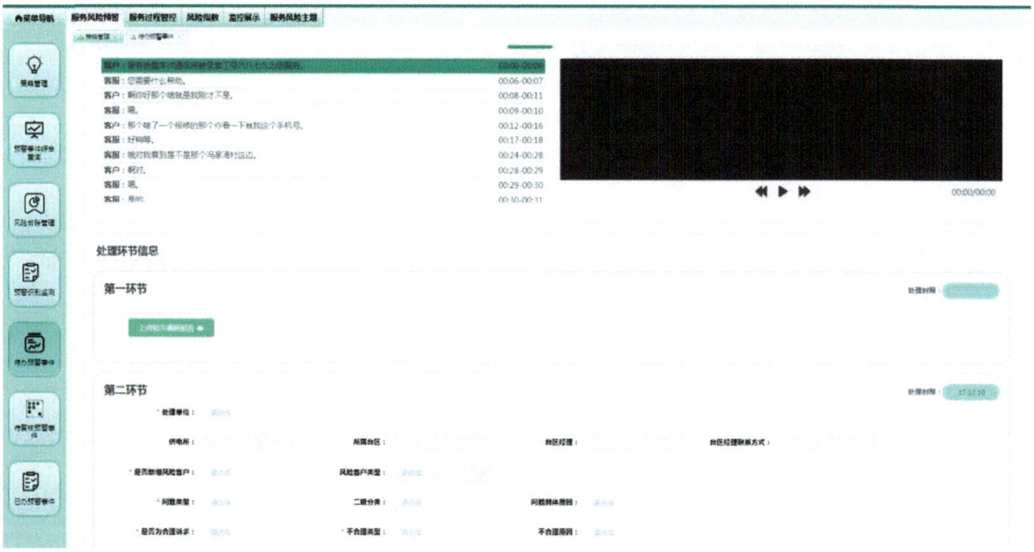

图 3-56　审核界面

地市和省公司点击"详情"，可以查看当前工单的话务详情，提供关键词检索和风险主题命中词语高亮提示功能，便于快速分析定位风险情况。

（5）待复核预警事件。待复核预警事件功能是地市公司对区县公司提交的风险工单的具体意见建议进行复核。与区县单位意见一致，则进入已办预警事件进行归档；否则打回区县公司重新审核提交。

菜单位置："服务风险预警"→"服务风险预警"→"待复核预警事件"。

展示待复核预警事件清单宽表，并可以通过工单编号、客户类别、客户等级、敏感类型、来电频次、单位名称（市）、供电单位、客户编号、客户名称、业务类型、联系电话、受理内容等条件进行查询。

该功能对地市公司开放，对应权限用户只能看到所属辖区内的信息，如图 3-57所示。

点击"详情"，可以查看当前工单的话务详情。提供关键词检索和风险主题命中词语高亮提示功能，便于快速分析定位风险情况。

点击"复核"按钮，出现复核界面，展示当前风险工单的工单信息、话务信息，并提供关键词检索功能，便于进行要点检索。

在复核界面最后，由地市公司进行复核意见填写。

（6）已办预警事件。已办预警事件功能是对处理完成的风险预警工单进行归档。

图 3-57　待复核预警事件界面

菜单位置："服务风险预警"→"服务风险预警"→"已办预警事件"。

展示已办预警事件清单宽表，并可以通过工单编号、客户类别、客户等级、敏感类型、来电频次、单位名称（市）、供电单位、客户编号、客户名称、业务类型、联系电话、受理内容等条件进行查询。

该功能对区县、地市和省公司开放，对应权限用户只能看到所属辖区内的信息，如图 3-58 所示。

图 3-58　已办预警事件界面

点击"工单详情"，可以查看当前工单的话务详情。提供关键词检索和风险主题命中词语高亮提示功能，如图 3-59 所示。

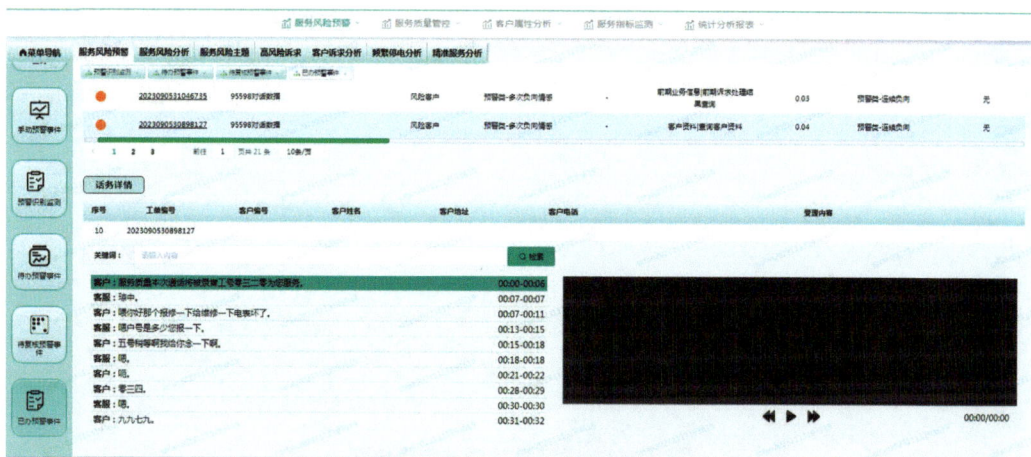

图 3-59　查看当前工单的话务详情界面

点击"审核详情"，可以查看当前风险工单的各个审核环节的信息，如图 3-60
所示。

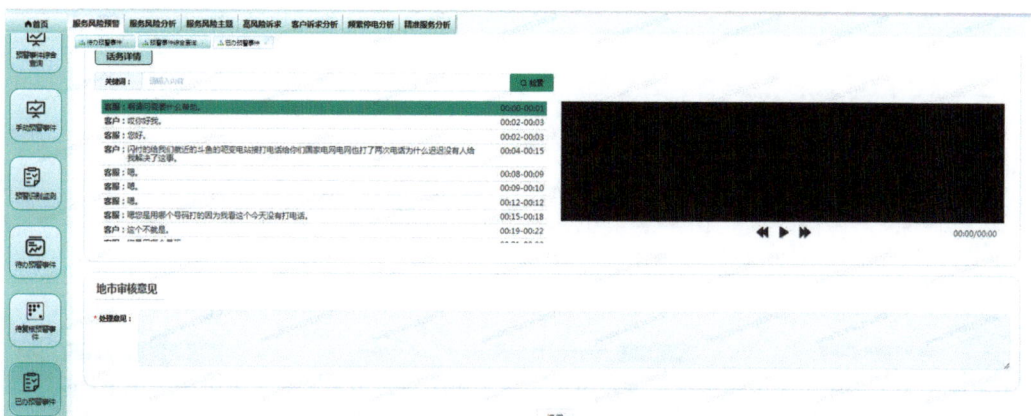

图 3-60　查看当前风险工单的各个审核环节的信息界面

4. 精准服务分析应用

（1）营销档案精准应用。菜单位置："服务风险预警"→"精准服务分析"→"营
销档案精准应用区"。

国网黑龙江省电力有限公司创新研发的数字化供电所风险闭环管控监测预警应用
系统对区县、地市、省公司的营销档案精准分类，如图 3-61 所示。

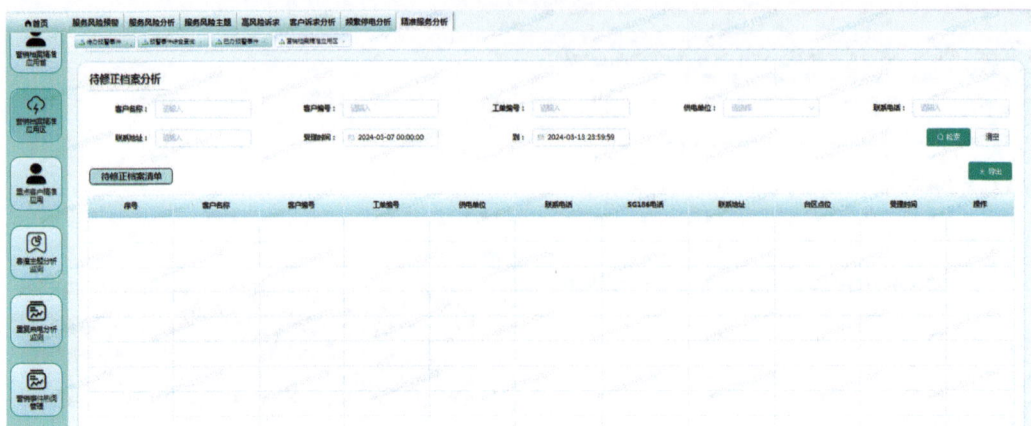

图 3-61　营销档案精准应用界面

（2）重复来电分析监测应用。菜单位置："服务风险预警"→"精准服务分析"→"重复来电分析监测"。

在数字化供电所风险闭环管控监测预警应用系统中，以报表月为统计维度，可查看重复来电的情况和来电工单详情，如图 3-62 所示。

图 3-62　重复来电分析监测应用界面

列表右侧提供是否为同一诉求、诉求升级的人工判断选项操作，通过查看详情后，判断客户重复来电是否为同一诉求、诉求升级，如图 3-63 所示。

5. 客户热点分析应用

（1）客户热点分析构建。在客户诉求风险管控应用系统中，首先输入用户名和密码，点击"登录"，进入系统界面。然后，点击"风险意见分析模块"，点击新增基础

图 3-63　判断客户重复来电是否为同一诉求界面

数据元管理，在数据源名称、数据源描述填入所需内容，如图 3-64 所示。

图 3-64　客户热点分析构建界面

所要注意的是，填完这三项后需要点击"新增"，新增成功后可继续填写方法设定。

当填写完数据元，发布后点击"保存"，客户热点分析将会保存在基础数据元管理中，如图 3-65 所示。

图 3-65　客户热点分析保存界面

数据元增加完毕后，点击保存，系统将会自动保存在模型管理中，如图 3-66 所示。

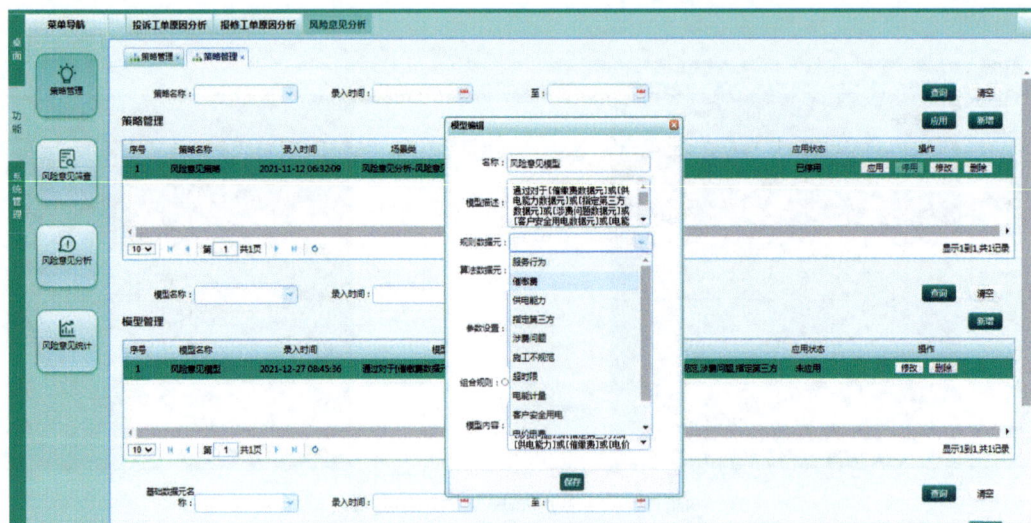

图 3-66　数据元增加界面

创建完模型后，在策略管理中添加策略，场景选择预警识别。

所要注意的是，场景类需手动添加，点击"新增"，模型选择在模型管理中创建的模型。

然后点击"保存"，新添加的策略（客户热点分析）会保存到策略管理的表中，如图 3-67 所示。

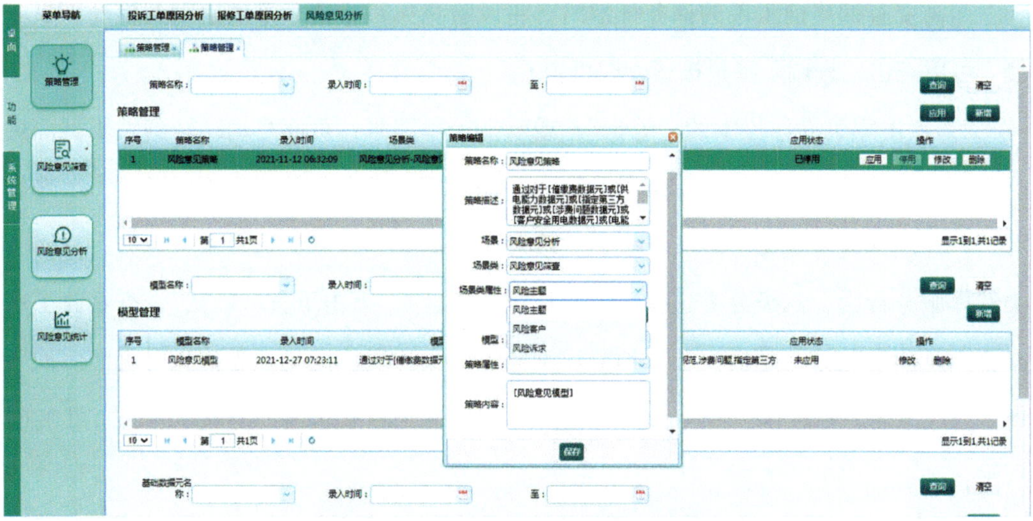

图 3-67　手动添加场景类策略界面

（2）风险意见筛查。在客户诉求风险管控应用系统中，风险意见工单根据策略命中进行判定，筛选出工单是否为风险意见工单。具体筛选步骤如下：

1）在客户热点分析模块下，点击"风险意见分析"，点击"风险意见筛查"。然后选择受理时间，如 20221004 ~ 20221010，查看宽表中显示的该时间段的风险意见筛查工单。同时，可按照工单编号、单位名称（市）、供电单位、风险意见类型、受理时间、业务一级类型、业务二级类型、业务三级类型等条件进行查询，如图 3-68 所示。

图 3-68　风险意见工单筛选界面

当需要查询当前工单的话务详情时，将风险意见筛查清单下的滚动条拖动到最右侧，可以点击"查调"绿色按钮，即可查看。

2）点击宽表操作栏中的"编辑"，或双击工单编号，页面自动跳转到编辑页面进行审核。确认风险意见识别结果是否符合，如属实，则在"是否属于风险意见"选择"是"，并选择风险意见一级、二级、三级分类（例如一级分类选择服务业务，二级分类选择服务行为，三级分类选择计量人员服务态度），点击下方"确认"，查看此工单是否到风险意见分析宽表内和"预警识别监测"→"风险意见预警信息"页面。如不属于风险意见，则选择"否"，此工单进入"风险意见审核未通过清单"中，如图 3-69所示。

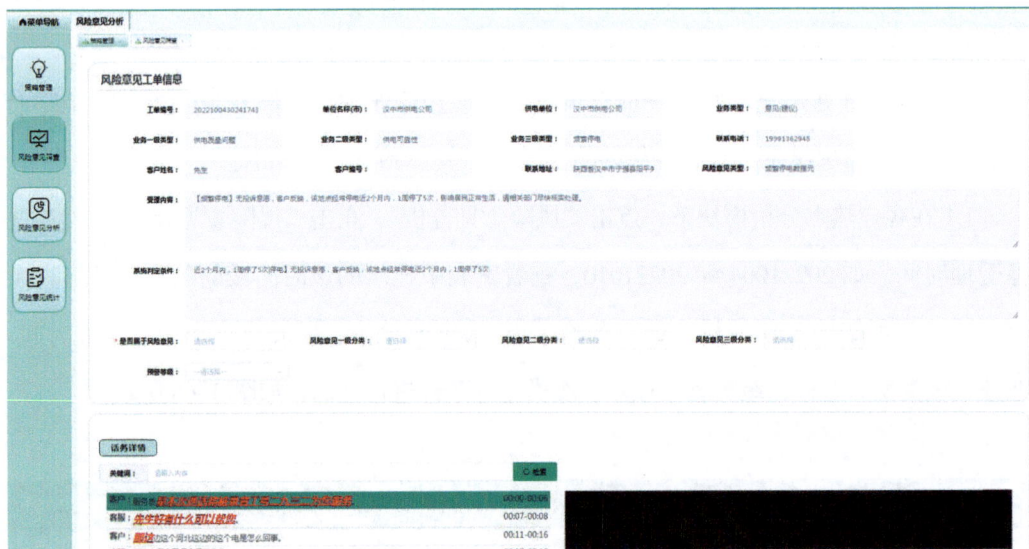

图 3-69　编辑风险意见界面

3）当判定一个工单为风险意见工单时，登录对应供电单位所属的系统账号，进入"服务风险预警"→"待办预警事件"模块，对该风险意见工单进行下派，如图 3-70 所示。

4）然后对风险意见工单进行审核，如图 3-71 所示。

5）登录上述对应供电单位的地市公司，对"服务风险预警"→"待办预警事件"中的模块——"审核风险意见工单"进行复核，如图 3-72 所示。

（3）风险意见分析。在客户诉求风险管控应用系统中，可根据受理时间查询当前供电单位辖区范围内的风险意见工单结果。具体步骤如下：

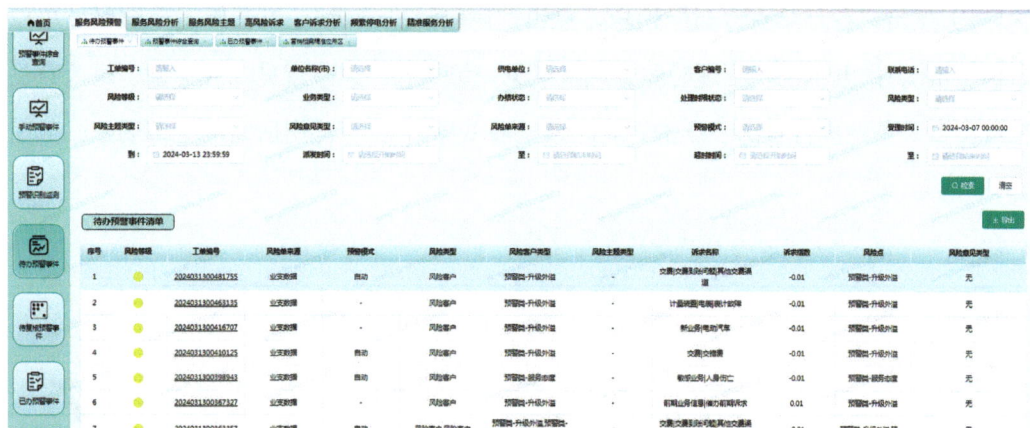

图 3-70 风险意见工单下派界面

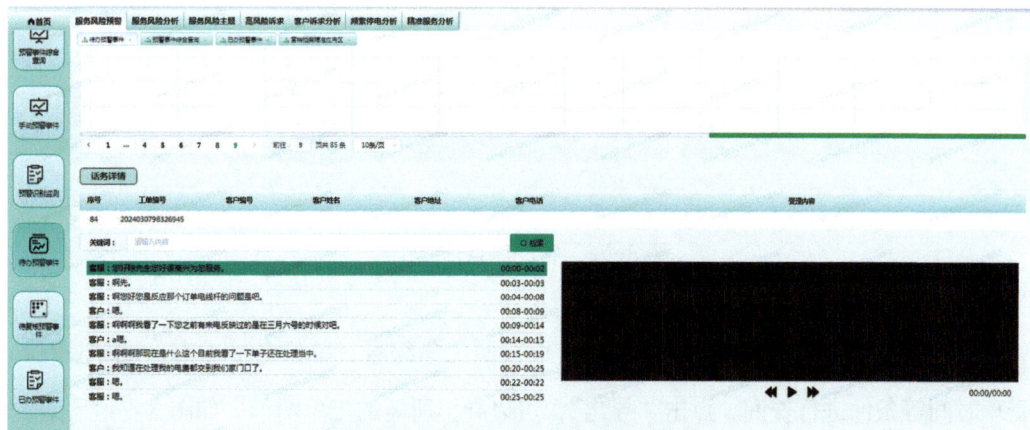

图 3-71 风险意见工单审核界面

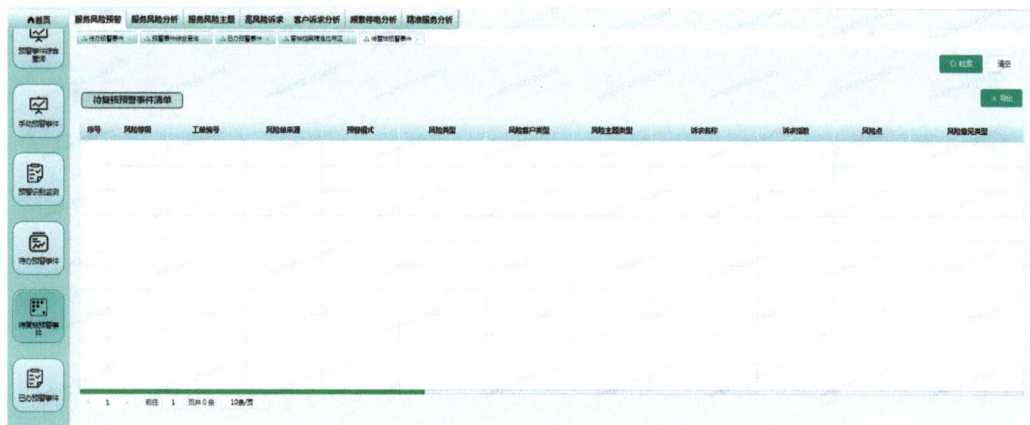

图 3-72 风险意见工单复核界面

1）点击"客户热点分析"模块，点击"风险意见分析"，可按照工单编号、单位名称（市）、供电单位、受理时间、风险意见一级类型、风险意见二级类型、风险意见三级类型等条件进行查询。点击"风险意见清单导出"，可导出所需的工单明细，如图3-73所示。

图3-73　客户热点分析界面

2）对于风险意见审核未通过清单，可按照工单编号、单位名称（市）、供电单位、受理时间等条件进行查询。点击"导出"，可以导出所需的工单明细，如图3-74所示。

图3-74　工单信息明细界面

（4）客户诉求分析。客户诉求分析是基于语音转译文本数据和客户服务诉求体系，通过客户诉求识别模型识别出每条工单的客户诉求，并对客户诉求识别结果信息进行分析。

1）客户诉求识别。菜单位置："服务风险预警"→"客户诉求分析"→"客户诉求识别"。

通过设置场景类、受理时间（开始时间和结束时间）这两个条件，点击页面上方绿色"检索"按钮来查询相对应的数据信息，选择错误可以点击"清空"按钮，重新进行选择，清空只是清空查询条件，不会对查询后的结果有影响，如图 3-75 所示。

图 3-75　客户诉求识别界面

同时，支持按照工单编号、客户诉求、客户类别、客户等级、敏感类型、来电频次、单位名称（市）、供电单位、客户编号、客户名称、业务类型、联系电话等条件进行查询。

将客户诉求清单宽表的滚动条拖动到最右侧，可以点击"查调"绿色按钮，对当前工单的话务详情进行查看，如图 3-76 所示。

2）异动分析。菜单位置："服务风险预警"→"客户诉求分析"→"异动分析"。

a.话务异动业务清单。展示不同供电单位话务情况日小时平均环比超 50% 的异动情况，并对引起异动变化的排名前五的业务类型（到三级类型）进行展示分析，如图 3-77 所示。

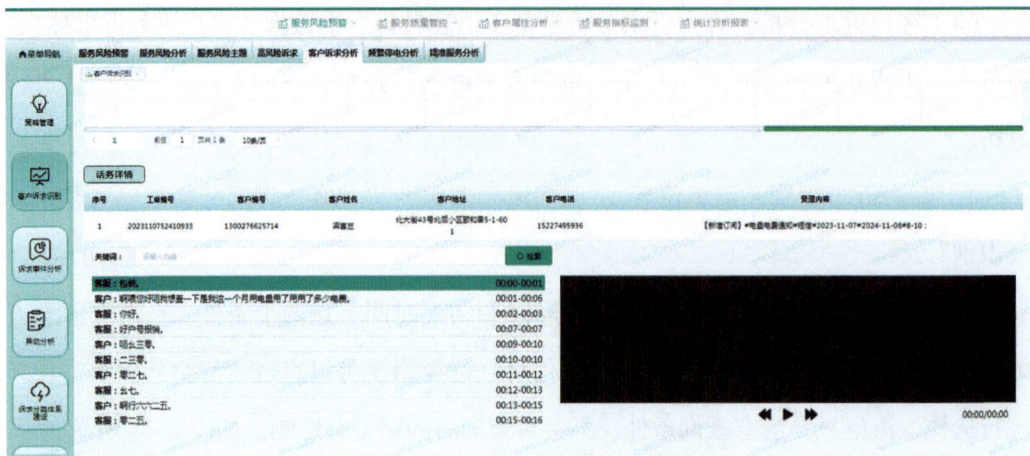

图 3-76　查看当前工单的话务详情界面

图 3-77　异动分析界面

点击"查看详情"，可以查看当前业务类型的所有工单详情（包括风险主题、风险点、是否为风险客户），如图 3-78 所示。

b. 话务异动诉求清单。展示不同供电单位话务情况日小时平均环比超 50% 的异动情况，并对引起异动变化的排名前五的客户诉求（最末级诉求）及频次进行展示分析，如图 3-79 所示。

点击"查看详情"，可以查看当前客户诉求的所有工单详情（包括风险主题、风险点、是否为风险客户）。

3）诉求分类体系建设。客户诉求是指客户通过 95598 热线反映的供电服务需求，与事件严重程度不存在直接关系。为了更好更全面地反映客户诉求，依据总部客服中

图 3-78　查看当前业务类型的所有工单详情界面

图 3-79　话务异动诉求清单界面

心的客户诉求分类体系，结合省公司近两年所有客户的通话记录数据，建立省侧客户诉求分类体系，包括缴费类、表计类、用电业务、停电问题等多类供电服务业务，结合省侧具体诉求特点，进行不同类型诉求分类的完善和优化，形成省侧个性化客户诉求分类体系。

菜单位置："服务风险预警" → "客户诉求分析" → "诉求分类体系建设"。

a. 诉求分类体系清单。诉求体系查询，通过"诉求管理"功能，进入"诉求查看"页面，可以利用诉求体系可视化页面的列表展示诉求，通过输入诉求名称，可以查询诉求的定义，如图 3-80 所示。

图 3-80　诉求分类体系建设界面

b.新增。点击"新增"按钮，填写一级诉求、二级诉求、三级诉求、诉求定义、新增诉求原因描述。完成后点击"确认"，进入到"智能服务建设"→"我的任务"→"待办工作任务单"中进行审核。审核完成后即可在"诉求分类体系清单"页面中查看，如图3-81所示。

图 3-81　新增界面

c.修改。点击"修改"按钮，填写一级诉求、二级诉求、三级诉求、诉求定义、修改诉求原因描述。完成后点击"确认"，进入到"智能服务建设"→"我的任务"→"待办工作任务单"中进行审核。审核完成后即可在"诉求分类体系清单"页面中查看。如图3-82所示。

图 3-82 修改界面

d. 删除。点击"删除"按钮，页面会出现提示，点击"确定"即可进入"智能服务建设"→"我的任务"→"待办工作任务单"中进行审核；审核完成后即可在"诉求分类体系清单"页面中查看。

4）客户诉求管理。通过客户诉求清单，可查看每日工单对应的一级、二级、三级诉求名称，可对一级、二级、三级诉求的分布、增幅情况进行查询，可与工单业务类型进行交叉分析，实现客户侧与业务侧的多角度分析展示，统计分析的结果支持在线导出。

菜单位置："服务风险预警"→"客户诉求分析"→"客户诉求管理"。

客户诉求管理支持按照供电单位、受理时间条件进行查询。点击"清单导出"可导出所需的工单明细，如图 3-83 所示。

图 3-83 客户诉求管理界面

5）新诉求线索发现。新诉求线索发现是指利用新词发现，关联词语挖掘手段，自动识别与历史文本有所差异的文本特征，作为发现新诉求的线索。业务人员通过分析该线索及关联的文本信息，审核其是否为新诉求，若为新诉求，则需为该诉求指定名称、进行定义说明及描述举例。

菜单位置："服务风险预警"→"客户诉求分析"→"新诉求线索发现分析"。

a.新线索词发现。新诉求线索识别，通过新诉求线索模型对话务数据进行识别，实现新诉求线索的发现，如图 3-84 所示。

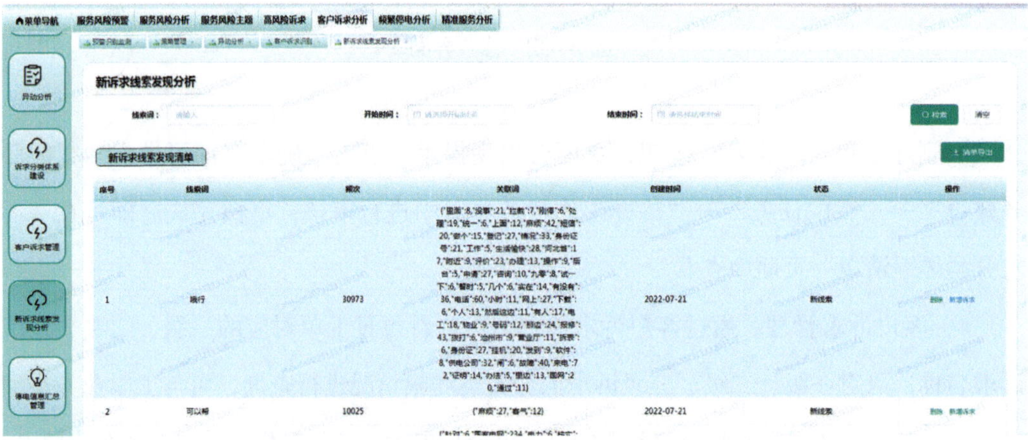

图 3-84　新诉求线索发现界面

b.新增诉求。点击"新增诉求"，填写一级诉求、二级诉求、三级诉求、诉求定义、新增诉求原因描述。完成后点击"确认"，进入到"智能服务建设"→"我的任务"→"待办工作任务单"中进行审核。审核完成后即可在"新诉求线索发现清单"页面中查看，如图 3-85 所示。

c.删除。点击"删除"，页面会出现提示，点击"确定"即可进入"智能服务建设"→"我的任务"→"待办工作任务单"中进行审核；审核完成后即可在"新诉求线索发现清单"页面中查看。

（5）多维画像。点击主菜单"数字看板"→"多维画像"→"供电所画像"，如图 3-86 所示。

点击主菜单"全景视图"→"多维画像"→"供电所画像编辑"，即可对供电所画像展示页面进行内容的增删改，如图 3-87 所示。

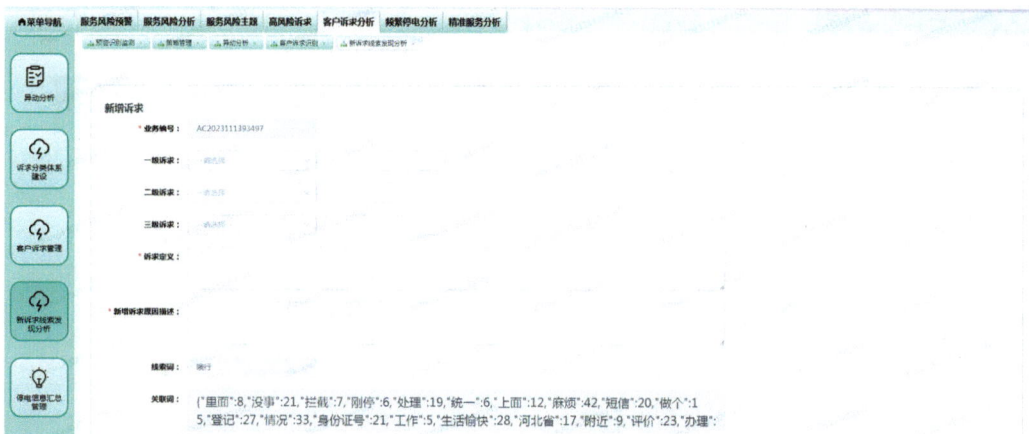

图 3-85　新增诉求界面

图 3-86　多维画像界面

对特色栏目的新增，新增栏目下新增子栏目，然后进行图文编辑，如图 3-88 所示。点击右上角"保存"，即可对编辑的内容进行保存操作。

6. 服务质量分析应用

（1）新增服务主题。进入客户诉求风险管控应用系统，点击"新增"，进入"评价主题模板新增"页面，填写完成评价主题名称、状态、评价区域、评价模板描述；然后点击评价项"新增"，填写评价项名称、评价项说明、因子名称、评价指标度量、因子描述说明，点击"保存"；进入"评价模型创建"页面，选择创建的评价项，添加

图 3-87　供电所画像编辑界面

图 3-88　图文编辑界面

"评价模型发布",点击"保存";进入"审核"页面,审核通过,新增的评价主题在"评价主题模板列表"中显示,如图3-89所示。

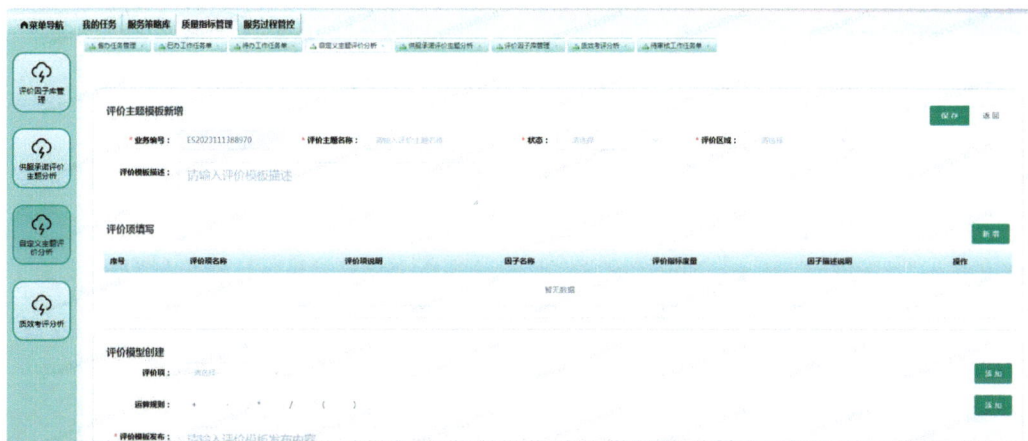

图 3-89　新增服务主题界面

（2）修改服务主题。点击"修改"按钮,进入"评价主题模板修改"页面,修改评价主题名称、状态、评价区域、评价模板描述;然后点击评价项"修改",修改评价项名称、评价项说明、因子名称、评价指标度量、因子描述说明,点击"保存";进入"评价模型创建",选择创建的评价项,添加"评价模型发布",点击"保存";进入"审核"页面,审核通过,修改的评价主题在"评价主题模板列表"中显示。

（3）删除服务主题。如果删除服务主题,方法如下:在"评价主体模板管理"模块中,点击"确定",可进入"智能服务建设"→"我的任务"→"待办工作任务单"中进行审核;审核完成后,即可在"评价主题模板列表"页面中查看到该评价因子已删除,如图3-90所示。

7. 智能服务建设应用

（1）待办工作任务单。菜单位置:"智能服务建设"→"我的任务"→"待办工作任务单"。

通过设置任务编号、任务单位、线索类型、任务名称、派发时间等查询条件,点击页面上方绿色"检索"按钮来查询相对应的数据信息,选择错误可以点击"清空"按钮,重新进行选择。所要注意的是,清空只是清空查询条件,不会对查询后的结果有影响。如图3-91所示。

图 3-90　删除服务主题界面

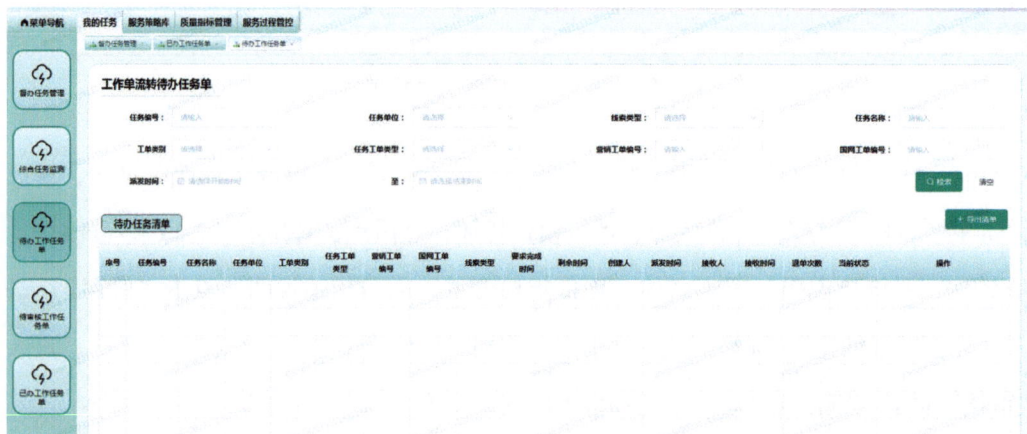

图 3-91　待办工作任务单界面

（2）已办工作任务单。已办工作任务单指的是网省、营销中心和地市审核通过的归档任务单。

所要注意的是，省公司可查看全部归档情况；营销服务中心可看它以下的全部；市公司可看它以下的全部。

具体操作方法如下：

菜单位置："智能服务建设"→"我的任务"→"已办工作任务单"。

通过设置任务编号、任务单位、任务名称、派发时间，点击页面上方绿色"检索"按钮来查询相对应的数据信息，选择错误，可以点击"清空"按钮重新进行选择。

所要注意的是，清空只是清空查询条件，不会对查询后的结果有影响。

如图 3-92 所示。

图 3-92   已办工作任务单界面

点击"查看历史环节"，即可查看此任务单的详情，如图 3-93 所示。

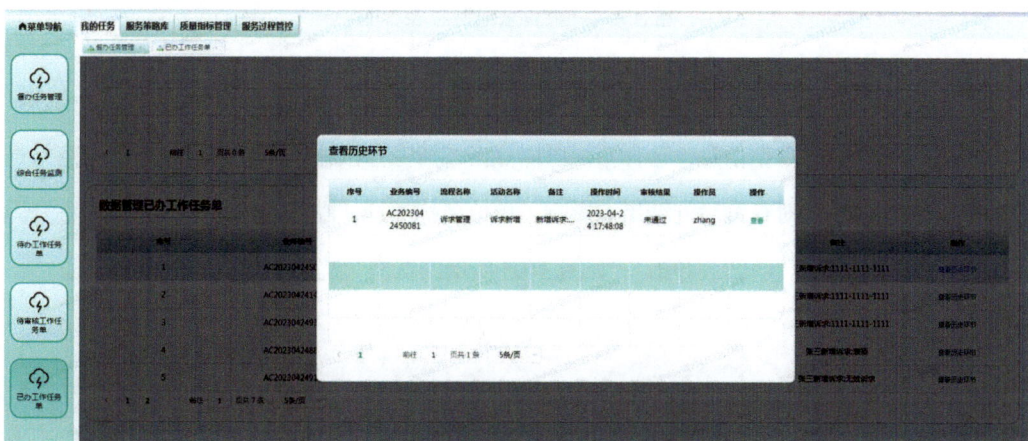

图 3-93   查看历史环节界面

8. 服务态势分析应用

（1）风险预警统计分析。风险预警统计分析主要是对重复来电进行统计分析，也就是针对供电公司按报表月累积重复来电数量的统计分析。在客户诉求风险管控应用系统中，具体操作过程如下：

菜单位置："服务态势分析"→"风险预警统计分析"→"重复来电统计汇总"。

1）重复来电汇总表。通过设置单位名称（市）、日期等条件，点击页面绿色"检索"按钮来查询相对应的数据信息，选择错误可以点击"清空"按钮，重新进行选择，清空只是清空查询条件，不会对查询后的结果有影响。如果不选择单位名称，那么系统会自动默认为所在省份的累积重复来电数量值汇总。点击"明细表导出"，如图 3-94 所示，点击"确认"即可导出相应数据。

图 3-94　重复来电汇总表界面

2）重复诉求明细表。通过设置单位名称（市）、日期等条件，点击页面绿色"检索"按钮来查询相对应的数据信息，选择错误可以点击"清空"按钮，重新进行选择，清空只是清空查询条件，不会对查询后的结果有影响。单位名称不选，默认为所在单位的累积重复诉求数量值汇总。点击"明细表导出"，如图 3-95 所示，点击"确认"即可导出相应数据。

图 3-95　重复诉求明细表界面

3）诉求升级明细表。通过设置单位名称（市）、日期等条件，点击页面绿色"检索"按钮来查询相对应的数据信息，选择错误可以点击"清空"按钮，重新进行选择。所要注意的是，清空只是清空查询条件，不会对查询后的结果有影响。如果不选单位名称，默认为所在省份的累积诉求升级数量值汇总。点击"明细表导出"，如图3-96、图3-97所示，点击"确认"即可导出相应数据。

图 3-96 诉求升级明细表系统界面

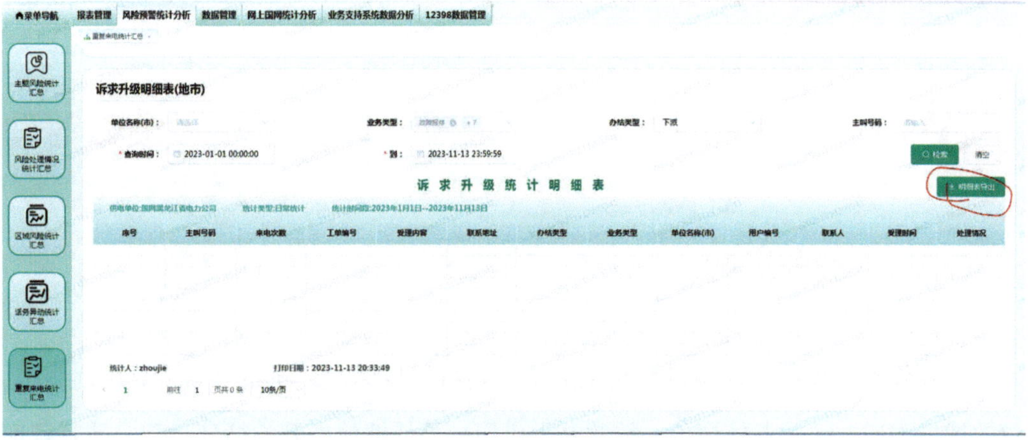

图 3-97 诉求升级明细表系统界面

（2）数据管理。通过"数据查询"页面查询语音转译文本文件，根据用户登录账户的权限查看用户负责辖区的语音通话文本数据，查询维度按照工单编号、受理时间、供电单位进行，同时可查询到通话文本文件名列表。具体查询方法如下：

菜单位置："智能服务建设" → "数据管理" → "数据查询"。

通过设置工单编号、供电单位、业务类型、业务一级类型、业务二级类型、业务三级类型、受理时间，点击页面上方绿色"检索"按钮来查询相对应的数据信息，选择错误可以点击"清空"按钮，重新进行选择。所要注意的是，清空只是清空查询条件，不会对查询后的结果有影响，如图 3-98 所示。

图 3-98　数据管理查询方法系统界面

点击"查询"后，列表中展示数据，可点击"清单导出"，点击"确认"即可导出相应数据。

3.4 绩效管理

3.4.1　业务描述

绩效管理是指各级管理者和员工为了达到组织目标，共同参与的绩效计划制定、绩效辅导沟通、绩效考核评价、绩效结果应用，是使绩效提升的循环过程。绩效管理的目的是持续提升个人、部门和组织的绩效。供电所业务管理综合性强、业务琐碎，所以绩效不易量化、业绩不够透明。数字化供电所绩效管理就是用数据说话、用数据管理、用数据奖惩，从而实现过程监管、精准高效闭环。

3.4.2　应用目标

数字化供电所绩效管理内容主要包括供电所评价、工分管理、员工绩效、绩效评价等方面。

3.4.3　应用内容

1. 供电所评价

供电所评价主要是对十项核心指标数据进行评分，当月可查看上月评分，数字化指标评价主要包括指标得分、指标分段、评价总览三个部分。

2. 工分管理

工分库可根据角色岗位、班组部门、基础工分/指标工分/增量工分及其他工分四大项工作类别（一类）建立对应的工分标准规则，按照工分标准匹配人员，进行打分录入操作。

3. 员工绩效

员工绩效是对员工进行绩效打分，数字化供电所在员工绩效上通过绩效看板，展示供电所人员的绩效得分。主要包含"绩效排名、考勤情况、工作提醒"。在员工初始工分阶段自带展示，无须每月操作，工作内容随工单、专业系统等各个系统平台获取。对工作内容不易量化的内勤班人员，员工绩效也能够通过相应工分库进行规则匹配。

4. 绩效评价

数字化供电所绩效评价主要通过绩效评价工具，实现员工绩效自动取数、自动计算、自动上传，公开透明，提升供电所管理效率及公信力，同时根据评价结果，对员工薄弱点进行个性化侧重管理，激发员工自主能动性，更好地发挥绩效管理指挥棒的作用。

3.4.4　应用案例

1. 供电所评价应用

（1）指标得分查看。在系统中具体操作过程如下：点击主菜单"绩效评价"→"供电所综合指标评价"→"综合指标评价"，如图 3-99 所示。

图 3-99　供电所绩效评价界面

所要注意的是，省市县账号登录可查看多个供电所的指标得分情况，以供电所账号身份登录仅限查看对应供电所的指标得分情况。

（2）指标得分操作方法。

1）点击右上角"发布结果"，则可将得分情况发布到全省供电所，可见最新得分情况。

2）点击右上角"获取最新数据"，则刷新数据到最新日期。

3）点击右上角"批量导出"，则批量导出表单数据。如图 3-100 所示。

图 3-100　供电所指标得分查看界面

（3）指标分段操作。如果进行指标分段，具体操作方法如下：

1）以省公司权限登录系统后，点击右上角"分段维护"进入分段维护界面，可对分段进行重新设置，如图 3-101 所示。

图 3-101　分段维护界面

2）在分段维护界面，点击"编辑"修改设置，如图 3-102 所示。

图 3-102　分段维护界面

3）设置完成，点击"保存"，即可完成分段维护操作，如图 3-103 所示。

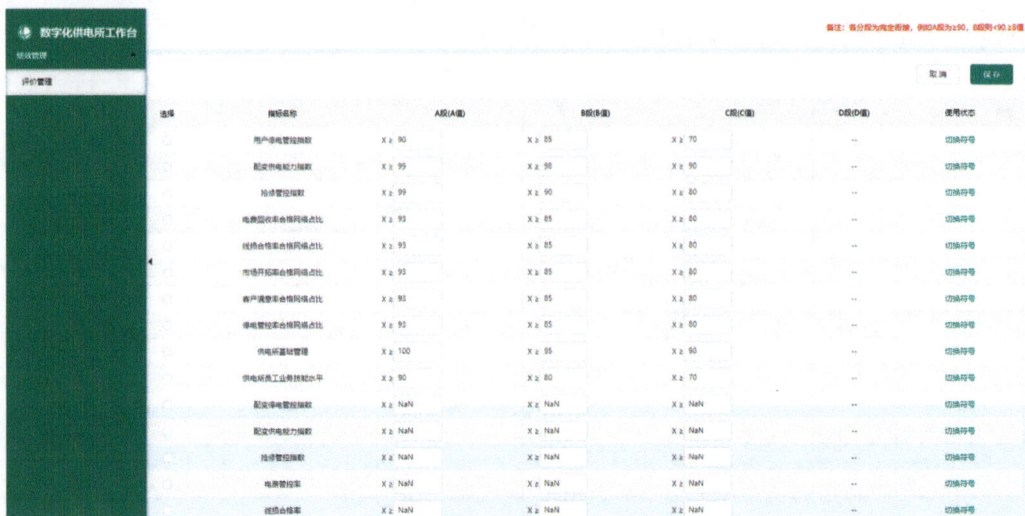

图 3-103　分段维护界面

（4）查看供电所评价总览操作。在供电所评价界面，点击右上角"投屏展示"，可全屏查看供电所评价总览，如图 3-104 所示。

图 3-104　供电所评价总览界面

2. 工分管理应用

（1）创建工分规则。系统中具体操作步骤如下：

1）点击"新增"，为工分库新增标准考核规则，如图 3-105 所示。

图 3-105　工分库新增标准考核规则界面

2）点击"适配岗位"，选择角色岗位或班组部门（适配角色及班组等信息均根据人员管理的实际配置情况而定），该项直接影响适配人员可使用的规则项，两项都不选择时，工分规则适配全所，如图 3-106 所示。

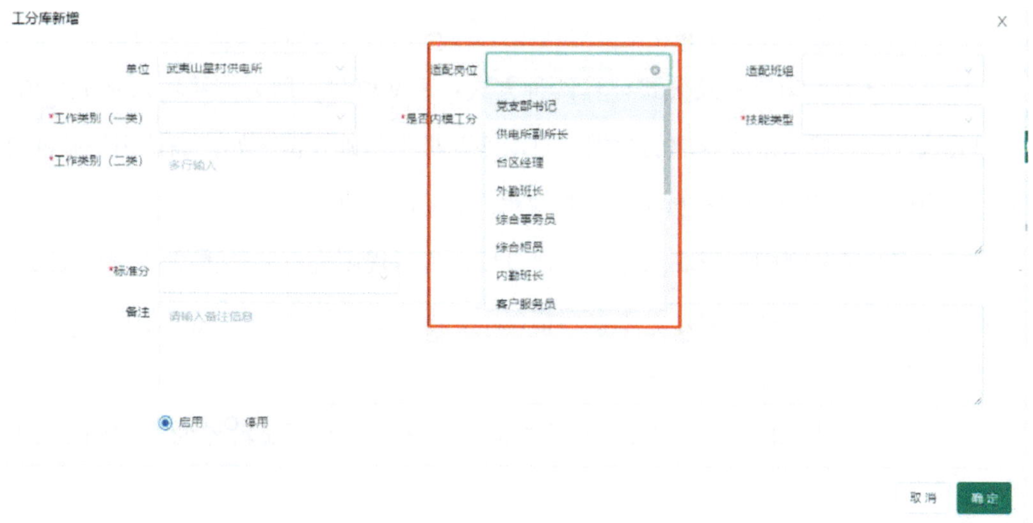

图 3-106　适配岗位设置界面

例如，工分规则适配内勤班，则适配班组选择内勤班，岗位角色可不选择，则此规则适配内勤班所有人员。

3）点击"工作类别（一类）""是否内模工分""技能类型""工作类别（二类）""标准分"等必填项，在"工作类别（二类）"进行工分规则说明，如图3-107所示。

图 3-107　工分规则说明界面

4）选择"启用"后，点击"确定"，即完成新增工分规则。

需要注意的是，设置标准分应对规则做好备注说明，无须备注则不填写。

标准分分为手动填写及公式计算两种方式：手动填写，即为直接输入标准分值。使用公式计算可根据系统获取的数据，自动匹配员工基础分值，如，确认用户基准分值后，用户数 × 基准分值＝员工每月管辖用户的基础分值。

（2）修改工分规则。完成工分规则建设后，可对规则进行调整再编辑，若规则已对员工录入使用，则在绩效评价未存档情况下，不会影响当月最终绩效得分。修改工分规则，可采取以下具体步骤进行操作。

1）选择需调整的规则，点击对应"编辑"按钮，进入编辑界面，如图3-108所示。

图 3-108　修改工分规则界面

2）对需要调整的内容进行再编辑，点击"确定"，完成编辑修改，如图 3-109 所示。

图 3-109　修改积分完成编辑界面

（3）批量操作。完成工分库的建设后，若想通过对其进行相应批量删除、批量启停用、批量修改等操作，来完善修订工分库，可采取如下步骤：

1）勾选需要操作的规则项，可多选，如图 3-110 所示。

图 3-110　批量操作界面

2）对选中项选择对应操作按钮，即完成对应操作，如图 3-111 所示。

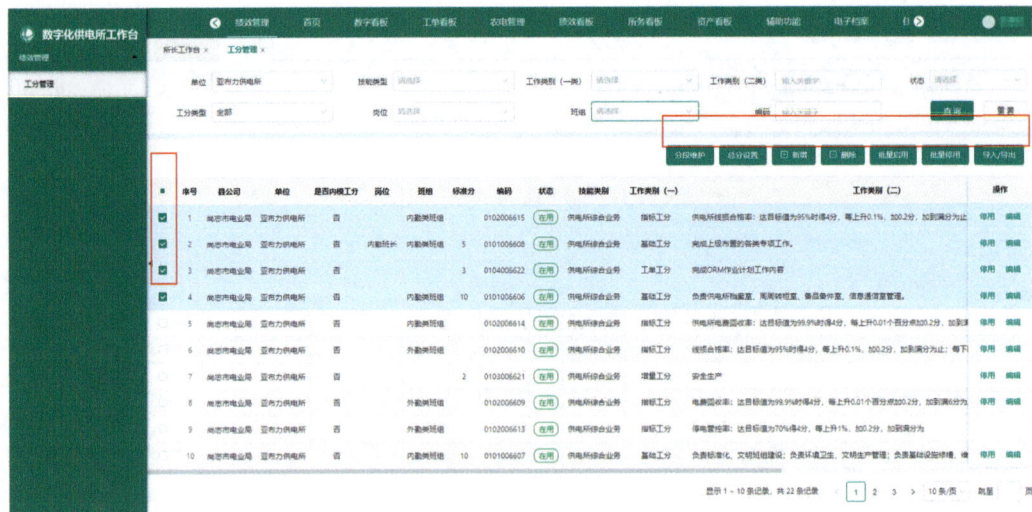

图 3-111　完成批量操作界面

（4）查询功能。工分库提供单位、技能类型、工分类别一 / 二类、启停用状态、是否内模工分、角色岗位、班组 / 部门 7 项筛选条件进行查询，如图 3-112 所示。

图 3-112　工分库查询功能界面

3. 员工绩效应用

（1）员工绩效查询。使用班组长及以上权限账号登录平台，可对管控人员进行打分录入操作。员工受各班组长管控评分，各班组长受三大员或管理组人员管控评分，三大员只受所长管控评分。

若使用非管理员账号登录平台，只能查看自己的绩效情况。通过点击自己的姓名，进入绩效评分详情页，可查看相关评分内容。也可通过点击"工作类别（一）""录入类型""是否内模工分""日期"选项进行筛选，查询绩效情况，如图 3-113所示。

图 3-113　员工绩效查询方法系统界面

具体操作步骤，点击主菜单"绩效评价"→"员工绩效"→"工分绩效管理"。

（2）员工绩效情况展示。展示员工绩效得分情况，可实时对员工工作进行录入打分操作。

所要注意的是，对于已归档的员工绩效情况，无法进行打分操作。

具体操作方法如下。

点击员工姓名，查看员工绩效录入情况，如图 3-114 所示。

图 3-114　查看员工绩效录入情况界面

如图 3-114 所示界面，可展示每月员工管辖范围工作量基础分，如台区数、线路数、用户数等基础任务数据。当需要对员工得分数据进行修改时，点击进入员工详情页面，选择需要修改的工作类型，点击"修改"，即可对对应工作内容进行内容、难度系数、备注等信息的修改操作，如图 3-115、图 3-116 所示。

图 3-115　员工绩效修改界面

图 3-116　员工绩效修改界面

4. 绩效评价应用

（1）工分录入。

1）批量录入。点击"批量录入"，或选择指定人员点击"录入"，进入工分录入界面，如图 3-117 所示。

图 3-117　批量录入界面

使用"批量录入"，首先选择需要录入工分的人员，人员确认后，点击"录入"，选择相关工分录入，具体操作步骤如下：

a. 选择人员，如图 3-118、图 3-119 所示。

图 3-118　批量录入人员选择界面

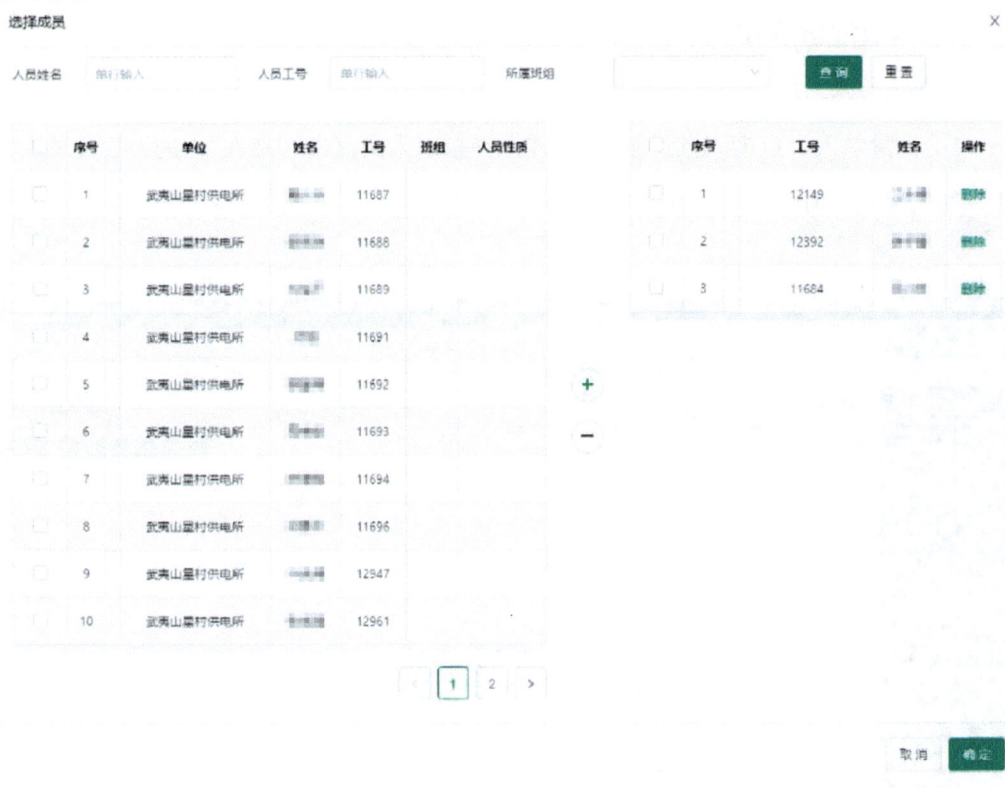

图 3-119　批量录入人员选择界面

b. 选定人员后，点击"录入"，进行工分选择，如图 3-120 所示。

c. 工分规则关联结束后，进行工作内容及难度系数补充，如图 3-121 所示。

图 3-120　工分选择界面

图 3-121　工作内容及难度系数补充界面

　　d. 编辑完成后，点击"确定"即完成批量评分录入，批量录入时需注意，不同岗位角色的人员在工分录入选择关联工分库规则时只能选择通用规则，人员若为同岗位角色或同班组部门时，可选有角色及班组设定的工分规则。

　　2）选中录入。指定人员点击"录入"，选择工分规则，填写工作内容，设置难度系数（不设置为 1），即完成录入操作。具体操作步骤如下：

a. 点击指定人员操作栏中的"录入"，进入人员工分录入界面，如图 3-122 所示。

图 3-122　选中录入界面

b. 点击"录入"进行相关工分选择。

c. 完成工分选择后，对新增的工分规则进行工作内容说明及难度系数设置。

d. 点击"确定"，完成工分录入，录入内容将在"员工绩效详情"中展示。

（2）工分状态及提交 / 同步操作。

1）工分状态展示。

a. 三大员 / 班组长账号状态主要是四种情况，分别是已保存、待同步、已同步、已存档。

已保存：录入后的工分为已保存状态。

待同步：提交数据到所长处，则为"待同步"。时间过次月 5 日 23 点 59 分 59 秒，数据自动提交至所长处，状态自动更新为"待同步"，此时班组长无法对人员评分进行修改，评分修改由所长账号处理。

已同步：所长将数据同步至绩效管理系统，则状态变更为"已同步"。同步绩效系统操作为手动操作。

已存档：次月 11 日 0 点 0 分 0 秒，状态变更为"已存档"，数据不可调整修改。

b. 所长账号展示状态主要有三种情况，分别是待同步、已同步、已存档。

待同步：提交的数据皆为待同步状态。所长账号新建的数据，直接为"待同步"

状态，待同步状态只有所长账号支持录入操作。

已同步：点击"同步"按钮，数据推送至人资绩效系统，同步数据后，变更为"已同步"状态。

已存档：数据时间过次月 11 日 0 点 0 分 0 秒，状态默认更新为"已存档"。已存档状态下工分将不支持修改录入操作。具体情况如图 3-123 所示。

图 3-123 工分状态及提交／同步操作界面

2）提交／同步操作。使用三大员账号登录平台时，点击"提交／同步"操作按钮，员工绩效情况提交至所长，此时暂停所长以下权限的账号对绩效录入内容的录入编辑权限。

当使用所长账号登录平台时，点击"提交／同步"操作按钮，同步绩效系统，提交后，所长账号可对绩效内容进行编辑修改。

使用班组长账号登录平台，可进行编辑录入操作，但无法进行提交／同步操作，如图 3-124 所示。

（3）查询及功能展示。如查询员工绩效，可以提供员工姓名、人员性质、所属班组／部门、状态、角色岗位、时间、单位 7 项筛选条件，然后进行查询。如图 3-125所示。

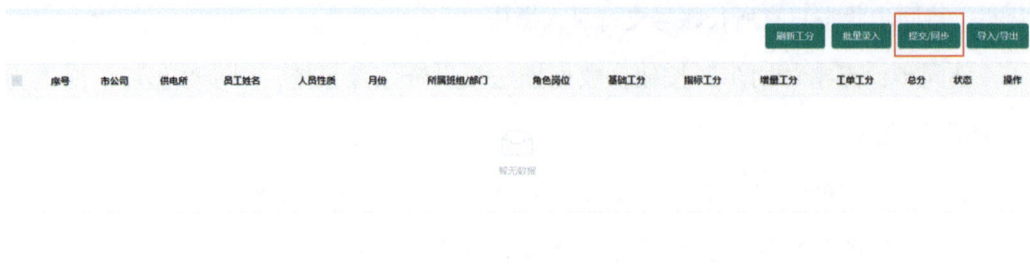

图 3-124　提交 / 同步操作界面

图 3-125　查询及功能展示界面

所要注意的是，页面数据信息按月份展示，对于未提报的数据，可进行录入操作，当已提报时，数据仅可查看，工分库规则修改不影响已存档的绩效工分内容。

3.5 ——————————————— 资产管理

3.5.1　业务描述

供电所资产种类多、涉及专业多，且各类资产独立管理、流程烦琐，基层管理负担重。安全工器具、备品备件、计量工器具、生产工器具等物资出入库，需专人记录。归还时间具有不确定性，容易遗漏，且需花费大量时间用于重复清点资产，工作负担重。表计、安全工器具检验周期不同，需人工不定期进行检查，缺乏预警提醒功能，易发生资产超期情况。供电所中的安全工器具由安全员进行主体负责，而备品备件的管理，又需要技术员进行掌握。供电所的四库日常维护，通常需要三大员亲力亲为，台账的管理工作烦琐，实验与出入库记录无电子化信息，工器具实验周期不能及时提醒。为打破传统的纸质出入库记录模式，避免步骤烦琐、出错率高的问题，通过建设资产设备智能仓储对其进行整合与管理，实现供电所各项资产新增、领用、调拨、分类、报废等全流程线上化、可视化，为资产应用管控和质量评价提供条件，减轻基层负担。

3.5.2　应用目标

解决传统专业仓物料领用审批手续烦琐，库存信息不准确、不及时，人工盘点工作效率低、易出错等问题。

（1）推进安全工器具室、备品备件室、计量工器具室、生产工器具室等四库融合，统一线上管理。

（2）采用人脸识别、智能货架、RFID 等设备及技术，实现智能盘点、无感出入库。

（3）推动仓库领料与工单自动关联，实现工器具和备品备件出入库闭环管理。

3.5.3　应用内容

1. 资产设备智能仓储

（1）明确供电所现代化装备设施应用概念，建设数字化仓储，通过对安全工器具、施工工器具及备品备件的库存情况展示、出入库操作与出入库信息查询，以及超周期提醒等工作，实现对安全工器具、施工工器具及备品备件的管理，全面推进供电所资产管理数字化转型。

（2）重构专业仓管理流程，在线提供检索查询、一键入仓、预约领料、扫码出仓、定期盘点、定额预警、超期提醒等功能，实现物资识别、新增、领用、调拨、分类、报废等全流程线上化、可视化。

（3）开展智能仓储建设，物资领用流程与工单联动，推进实物管理平台与 PMS、营销及供电服务等平台贯通，工作票、操作票挂接物料，完成领用及退料操作。通过扫脸、扫码、行为采录等方式，智能化统计物资领、存、退情况，全流程无纸化作业。

（4）配置智能工器具柜、智能货架等仓储设施，完善专业仓物资编码体系，清晰划分货位，运用 RFID 射频、图像识别、物联网电子标签等技术，实现物资领用有痕迹、无感出入仓、盘点智能化。解决手工记录烦琐、失准等问题，提高供电所仓储智能化水平。

（5）实现设备资产全面编码（ID）化、全生命周期线上管理，应用现代智慧供应链，推进专业的"无人仓""智能仓"建设，推广智能锁应用，24h自助领料，缩短抢修时间。

2. 资产设备物资领用

（1）按照物资管库、专业管仓的工作理念，建设无人化、智能化专业仓，通过"换一把锁、刷三个码"，推广智能锁应用，将领用人、工单和物料关联，自主领用、自动记账、自行分析，精准管控运维成本。

（2）强化后台数据监控，领料工单自动生成、线上流转，支撑资产实时盘点、跨仓跨所调配、库存定额预警、超期自动预警，实现仓储管理无感化、简易化。

（3）实现供电所各项资产新增、领用、调拨、分类、报废等全流程线上化、可视化，为资产应用管控和质量评价提供条件，减轻基层负担。

（4）试点建设"移动仓"，差异化制定配置清单，随车携带设备，做到随用随取，满足前端服务团队"小、快、灵"的工作要求，增强基层班组作业机动性。

3.5.4 应用案例

1. 台账管理

（1）功能介绍。通过台账管理页面，对工器具台账和备品备件台账进行管理，实现安全工器具、施工工器具、个人工器具的库存情况管理。

（2）操作介绍。

1）登录"全能型供电所管理平台"，点击"三库一柜管理"，可以看到"台账管理"，如图3-126所示。

图3-126 三库一柜界面

2）点击"台账管理"，进入"台账管理"页面，此页面有两个 tab 分页，分别是"工器具台账管理""备品备件台账管理"，点击"工器具台账管理"，进入"工器具台账管理"页面，如图 3-127 所示。

图 3-127　工器具台账管理界面

3）工器具台账管理页面分为"添加"和"报废"两个操作，"添加"可以新增工器具，如图 3-128 所示。

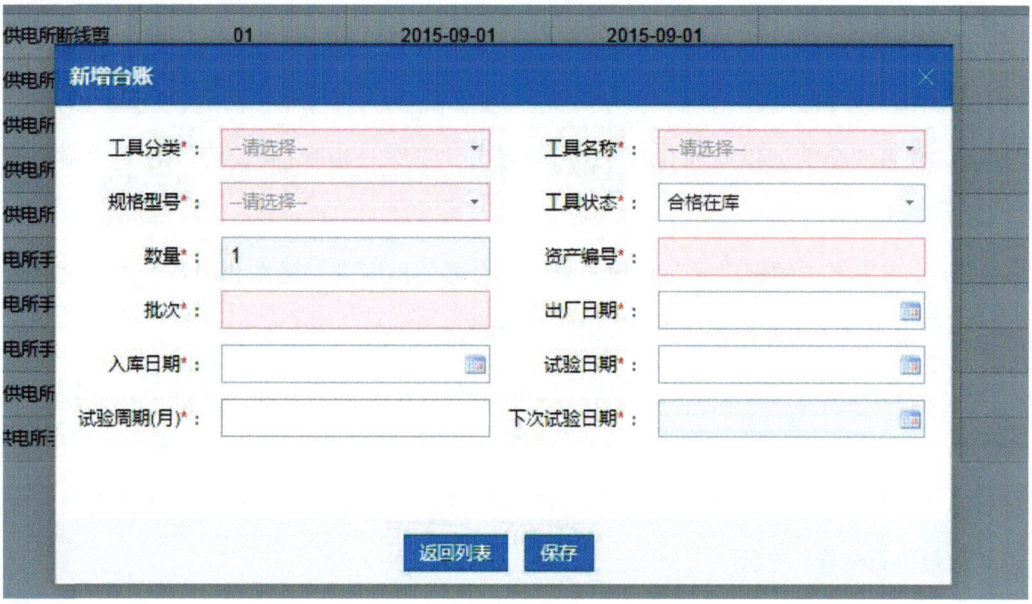

图 3-128　新增台账界面

4）点击"报废"按钮可以进行报废，如图3-129所示。

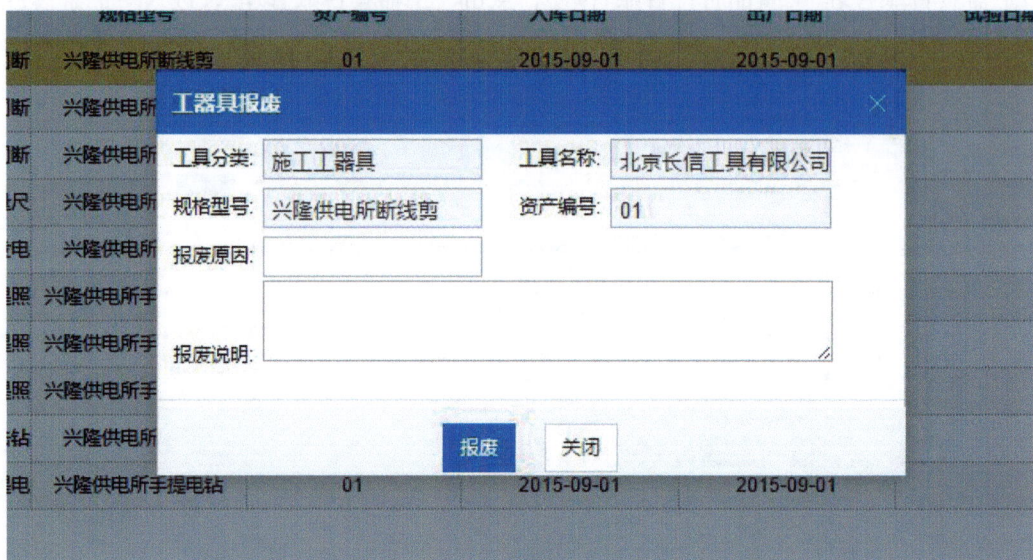

图3-129　工器具报废界面

5）"备品备件台账管理"的操作与上面一致，但是备品备件添加报废时需要选择数量。

2. 领用出库

（1）功能介绍。通过领用出库页面，对安全工器具、施工工器具、个人工器具的出库进行操作和记录。

（2）操作介绍。

1）登录"全能型供电所管理平台"，点击"三库一柜管理"，可以看到"领用出库"。如图3-126所示。

2）点击上方"领用出库"菜单，可以对台账的出库进行操作和记录。进入页面后显示的数据为台账出库的流水账。如图3-130所示。

3）点击上方"领用"按钮，可以对台账的出库进行领用。进入页面后，左侧勾选在库需要领取的工器具，点击"添加"按钮，在右侧领用人中单击文本框选择领用人，最后点击"领用"按钮出库。备品备件的操作与工器具一致，但是备品备件需要对领用的数量进行选择。如图3-131所示。

图 3-130　领用出库界面

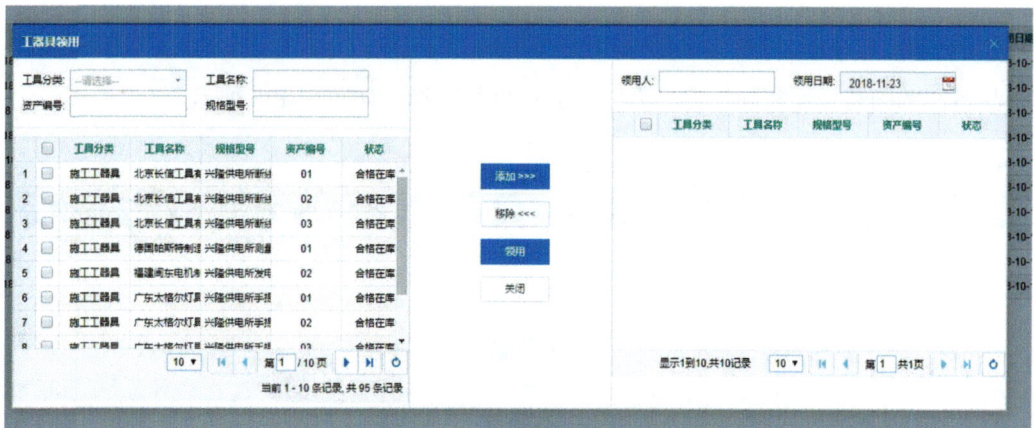

图 3-131　工器具领用界面

3. 归还入库

（1）功能介绍。通过归还入库页面，对安全工器具、施工工器具、个人工器具的入库进行操作和记录。

（2）操作介绍。

1）登录"全能型供电所管理平台"，点击"三库一柜管理"，可以看到"归还入库"。如图 3-126 所示。

2）点击"归还入库"菜单，可以对工器具和备品备件进行归还。进入页面后显示的数据为台账归还入库的流水账。如图 3-132 所示。

图 3-132　归还入库界面

3）点击"归还"按钮，可以对物品进行归还，左侧为领用出库的物品，选择需要归还的物品后，点击"添加"按钮到右侧菜单，然后点击"归还"按钮进行物品归还。备品备件的归还操作相同，但是需要对数量进行选择。如图 3-133 所示。

图 3-133　工器具归还界面

4. 物品管理

（1）功能介绍。通过物品管理页面，对安全工器具、施工工器具、个人工器具的库的规格、种类进行新增、修改、删除操作。

（2）操作介绍。

1）登录"全能型供电所管理平台"，点击"三库一柜管理"，可以看到"物品管理"，如图 3-126 所示。

2）点击"物品管理"，可以进入"物品管理"页面，可以对物品的规格种类进行新增、修改、删除操作。如图 3-134 所示。

图 3-134　物品管理界面

3.6 综合管理

3.6.1　业务描述

供电所所务管理人员负责工作多、类型杂。对于供电所外勤人员来说，工作区域分散，作业位置、作业时间不固定。管理人员常常依赖于口头安排、电话问询等方式掌握员工动态，所以在人员管理与考勤方面无法做到统筹兼顾、有效管控。车辆使用状态、工作地点不能确定，抢修作业中存在车辆获取难的情况，缺乏车辆精准调控手段。另外，所务管理中，党建宣传展示平台单一，所内员工无法直接获取前期党建活动的开展情况，学习氛围不足。

3.6.2　应用目标

数字化供电所综合管理包含人员管理、账号管理、供电所信息、所务公开、车辆管理、党建风采等多方面，以此提高管理工作质效。

3.6.3　应用内容

1. 人员管理

数字化供电所人员管理主要通过班组管理来实现。在平台系统中通过对班组人员进行维护来实施管理。

2. 账号管理

账号管理针对每个人所在的岗位进行分级分层分专业管理。

3. 供电所信息

供电所信息模块构建主要包括供电所基本信息，主要展示供电所简介、星级等级、供电范围、台区数量、乡村街道数量、人口数量、员工数量。建立台账信息定期维护机制，集中展示供电所概况信息，包括供电所位置信息、管辖面积、网格区域划分、辖区变电站数量、高（低）压客户数、10kV 线路数量（长度）、0.4kV 线路数量（长度）、公（专）用变压器数量及容量、公共充电桩数量等，下钻可查看台区画像详细信息，包括停电信息、设备运行、客户构成、工单处理、指标情况等数据。同时展示供电所员工数量，下钻可查看员工明细信息，包括姓名、性别、联系方式、岗位分布、工作状态等。

4. 所务公开

所务公开模块主要包括台区基本信息、客户构成等内容。在数字化供电所全业务平台主要通过上传供电所开支、岗位变动、培训情况、员工家庭用电缴费情况、党员发展情况、党费收缴情况、重要通知等所务公告文件至所务看板，以列表形式展示所务公告文件名称、类别、日期等信息，可通过文件名称、类别、公告日期等条件查询历史所务公告文件，下钻可查看所务公告详细内容。

5. 车辆管理

车辆管理模块主要包含车辆档案信息、车辆位置信息等内容。数字化供电所全业务平台从车辆管理系统实时获取车辆档案数据，集中展示车牌号、车辆类型、数量及当前使用状态，下钻可查看车辆车牌号、车辆类型、报废年份、能源类型、司机名称、联系方式、保养记录等档案信息；对于外派车辆，可显示车辆实时位置信息、关联工单等信息，辅助管理人员合理进行车辆调度和路线规划。

6. 党建风采

党建风采模块主要包括党建风采、所务信息等内容。数字化供电所全业务平台从党建系统定期获取党建数据，对党建活动照片、新闻报道等内容进行滚动展示，下钻可查看详细的党建活动信息与新闻报道内容。

3.6.4 应用案例

1. 人员管理应用

数字化供电所全业务平台对人员管理采取岗位班组的维护管理方式，具体操作步骤如下：

（1）在平台点击主菜单"综合管理"→"人员管理"→"班组管理"，如图 3-135所示。

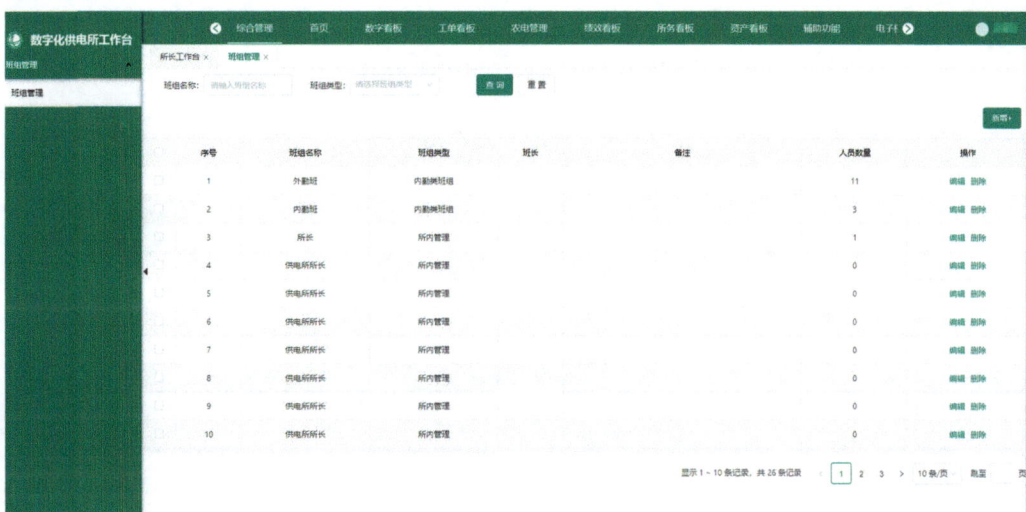

图 3-135　岗位班组的维护管理界面

（2）点击右上角"新增"，弹出人员配置窗口；选择要创建的班组类型，自定义编辑班组名称，如图 3-136 所示。

（3）点击"添加"，弹窗选择要添加的人员信息，如图 3-137 所示。

（4）点击"保存"，人员选择完毕，即可对人员岗位进行配置，如图 3-138 所示。

（5）配置完毕，点击"保存"，即完成班组维护配置操作，如图 3-139 所示。

图 3-136　创建班组类型界面

图 3-137　添加人员信息界面

图 3-138　岗位配置界面

图 3-139　岗位配置完成界面

2. 账号配置应用

点击主菜单"综合管理"→"账号配置"→"系统账号配置",如图 3-140 所示。

点击列表右侧"编辑",弹出配置窗口,选择要配置的跳转系统,设置系统对应的登录账号和密码,如图 3-141 所示。

点击"确认",完成跳转系统的账号密码设置。

图 3-140　岗位配置应用界面

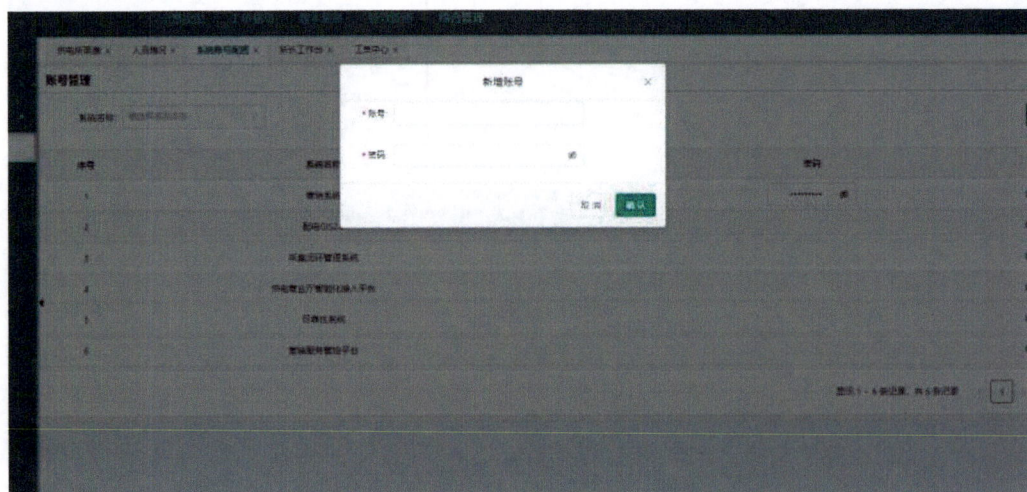

图 3-141　设置系统对应的登录账号和密码界面

3.7　日报管理

3.7.1　业务描述

供电所日（周、月）报编制工作量大，报告编制常常需要从营销、生产、安全监管等多个专业系统手动获取数据，工作量大、重复性高。另外，供电所日（周、月）报仍是人工编制，易出错、效率低下。同时供电所日（周、月）报发送需要人工通过邮件等方式发送到每个人，操作烦琐，易出现漏发错发情况。

3.7.2　应用目标

数字化供电所日报管理建设根据各类报告的时间要求，定期自动从看板模块或专业系统中获取报告所需数据，按照预设报告模板自动生成报告，经人工审核无误后可自动发送至相关人员邮箱或手机端，可以有效解决人工编制工作量大、效率低、易出错等问题。

3.7.3　应用内容

1. 日报自动生成

根据供电所日（周、月）报日期要求，定期从看板模块、各专业系统自动获取报告所需相关指标数据，按照报告模板的数据逻辑要求，自动对数据进行统计计算，并生成相应的日（周、月）报，解决传统人工取数工作量大、人工编制日报效率低等问题；并对报告中重要的任务与指标项进行高亮或加粗显示，以示提醒。

2. 日报审核提醒

系统自动生成日（周、月）报后，以消息弹窗的方式提醒相关责任人对系统自动生成的日（周、月）报进行人工审核，避免出现忘审、漏审的情况。

3. 日报在线审核

责任人可通过报告审核提醒或报告列表在线查看系统自动生成日（周、月）报详细内容，可对日（周、月）报的内容进行在线编辑，对报告默认接收人进行新增或删除。

4. 日报自动发送

人工审核确认无误后，根据日报模板中关联的接收人，可一键将日（周、月）报群发至接收人邮箱或手机端，解决传统人工发送操作烦琐、漏发、错发等问题。

5. 历史日报查询

可根据日（周、月）报类型、名称、日期、责任人、关键字等条件，对历史日（周、月）报记录进行模糊或精准查询，可下钻查看某一历史日（周、月）报详细内容。

3.7.4   应用案例

1. 月计划编制

（1）供电所员工（所长、三大员、台区经理）登录系统，点击"任务智能派发"，如图 3-142 所示。

图 3-142   月计划编制界面

（2）点击"计划管理"，在弹出的下拉菜单，点击"月计划"→"编制"。

（3）进入月计划编制页面，如图 3-143 所示。

图 3-143   月计划编制界面

（4）新增：点击"新增"按钮，新增一条月计划，填写工作内容、工作分类、开始时间、要求完成时间等信息，如图 3-144 所示。

图 3-144   月计划新增界面

（5）保存：点击"保存"，保存记录，并支持再次修改。

（6）提交：勾选新增的月计划，点击"提交"，提交到计划池，若是已提交待审核的任务，所长点击"提交"，则审核通过。

（7）撤回：未审核的计划可以撤回。

（8）回退：所长审核不通过的计划，点击"回退"，退回三大员编制提交环节。

（9）删除：勾选要删除的未提交的月计划，点击"删除"按钮，删除此条月计划。

（10）修改：勾选要修改（须是待提交的）的计划，点击"修改"按钮，进行修改。

（11）在左边侧边栏有"年计划"图标，这里的年计划树是由本供电所所长或者三大员编制的年计划，可以通过双击其中的一条年计划，来快速分解为月计划，如图3-145 所示。

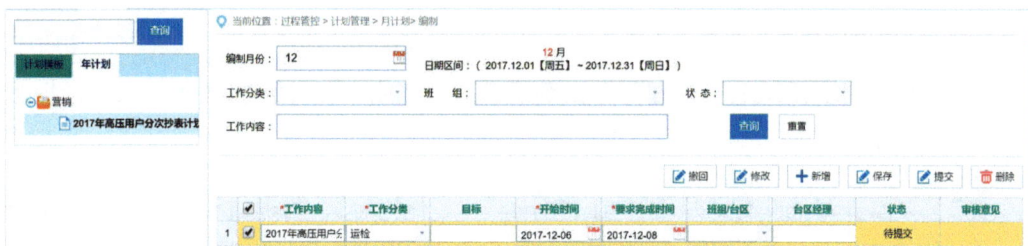

图 3-145　月计划分解界面

（12）在左边侧边栏有计划模板，可以通过双击模板，来新增月计划。如图 3-146所示。

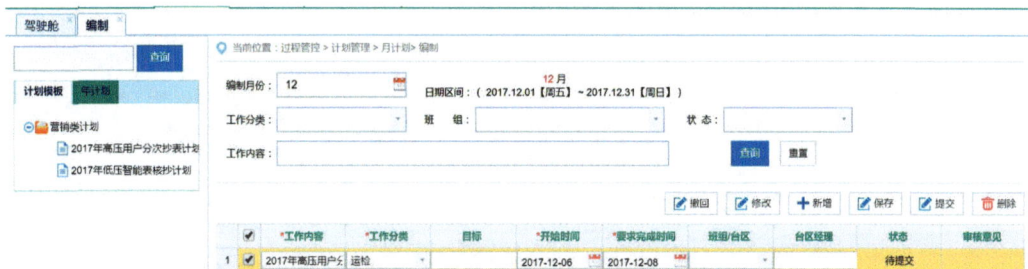

图 3-146　新增月计划界面

（13）在月计划编制页面上方，可以按"编制月份""工作分类""班组""状态""工作内容"来查询相关的月计划，如图 3-147 所示。

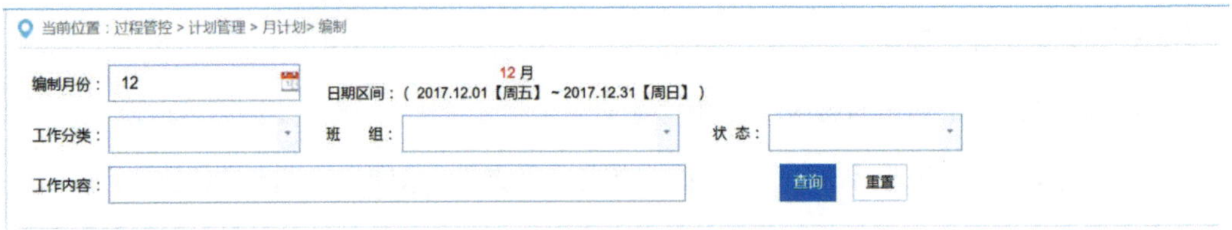

图 3-147　查询相关的月计划界面

（14）点击"查询"按钮进行查询，注意在编制月份选择框选择想要查看的部分。

2. 月计划审核

（1）编制流程为：三大员→所长，所长审核不通过，则直接退回至三大员处。

（2）所长编制的月计划不需要审核。

（3）台区经理的编制权限，视供电所实际管理要求决定是否分配。

3. 月计划审查

（1）县公司乡镇供电所管理部专责登录系统，点击"任务智能派发"→"计划管理"→"月计划"→"审查评分"，进入审查页面。

（2）页面查询条件有"月份""工作分类""工作内容"，可通过设置查询条件来查询相应的内容。

第 4 章

CHAPTER 4

供电所内勤人员应用指导

供电所内勤人员主要负责综合管理、所务管理等综合性工作及营业厅咨询与业务受理、远程抄表与催费、工单派发、系统录入等工作。

4.1 系统跳转

4.1.1 业务描述

构建数字化供电所全业务平台，贯通营销、稽查、95598、采集等业务系统，基于数字化供电所全业务平台打造多系统"一账号"单点登录模式。登录工作台后，通过 ISC 票据协议校验机制，判断逻辑请求合法性与登录时效性，免输入账号及密码，自动跳转至目标系统，实现"一账号一次登录"，解决供电所多系统重复登录问题。单点登录示意图如图 1-19 所示。

4.1.2 应用目标

内勤人员通过登录数字化供电所全业务平台，跳转至其工作所需的各个专业系统，根据自己的职责权限，进行各类业务处理和信息查询。

4.1.3 应用内容

为供电所全员开通数字化供电所全业务平台账号，配置了对应的角色权限，实现"一人一账号"。基于平台集成了供电所各专业常用系统，贯通各专业数据，实现多系统单点登录、跨系统数据共享，解决供电所多系统、多账号重复登录的问题。

4.1.4 应用功能

在数字化供电所全业务平台"个人工作台"模块，内勤人员可以按照需要，定制自己的工作台，工作计划一目了然，实现了"系统归集"，实现高频系统一键全登录。

4.1.5　应用案例

1. 常用系统维护

如图 4-1 所示，在数字化供电所工作台"个人工作台"页面，内勤人员可以按照需要在"常用系统"维护常用系统登录，实现了系统归集一键跳转。

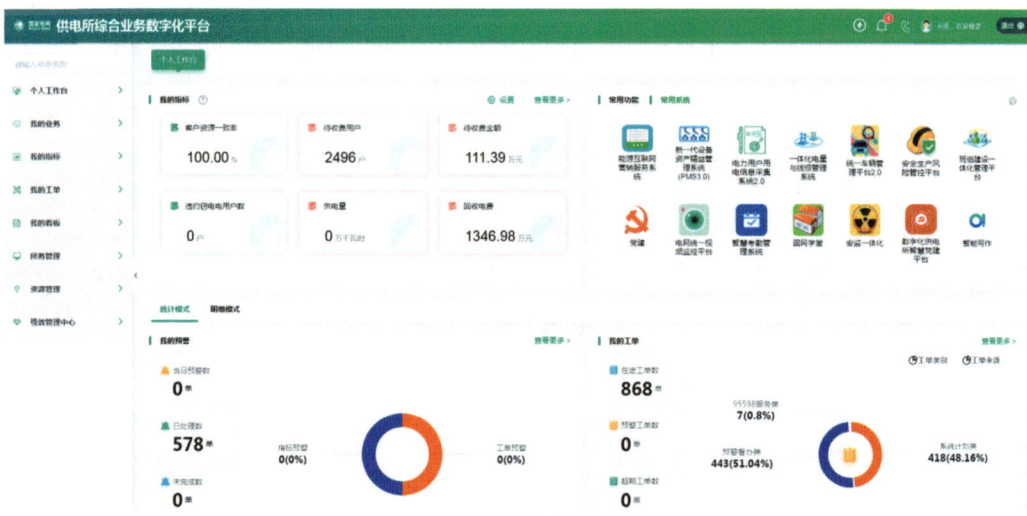

图 4-1　个人工作台示例图

2. 系统一键跳转

在"常用系统"界面，单击右上角设置小图标"⚙"，可自定义一键跳转菜单，如图 4-2 所示。

图 4-2　常用系统示例图

4.2 工单派发

4.2.1 业务描述

通过对"系统计划类、所务临时类、预警督办类、95598 服务类"业务进行分类，实现关联任务一次派单，并根据网格经理所辖区域、位置、闲忙程度生成智能派工建议，实现工单直派到人，对于工作区域相近的工单，进行智能分析、合并处理。

4.2.2 应用目标

实现工作任务按照关键信息精准触达到人，工作任务一次派发、一次解决，减轻内勤人员派单压力，提升工单过程管控调度能力及客户满意度。

4.2.3 应用内容

依托数字化供电所全业务平台打造智能派单功能，根据网格经理与网格关系、员工当前位置、当前工作量及工作能力，综合计算最优接单人员。在派工过程中自动匹配车辆信息、物料信息等，实现资源的智能调配。同时，自动梳理同一网格内的多项任务，进行合并派单。

4.2.4 应用功能

通过数字化供电所全业务平台"工单池"→"派工"模块，内勤人员可以采用"自动匹配 + 人工派单 + 抢单发布"三种派工方式相结合。对于自动匹配，指标预警工单会自动派给系统设置好的指标专责人；对于人工派单，系统根据工单所在台区，优先推荐相应的网格经理，同时内勤人员可以根据网格经理当前承担的工作量，合理选择作业人员；对于抢单发布，可以发布任务，将工单完成情况与绩效挂钩，提高员工工作的积极性。

4.2.5 应用案例

1. 工单池

如图 4-3 所示，工单池即工单汇集中心，主要实现工单查询、工单创建、工单派工、工单处理、工单归档、工单中止等功能。通过单位、任务来源、任务类型、环节到达时间、超期时间、任务子类、任务项名称、任务单号、优先级、任务状态等查询条件查询工单任务。

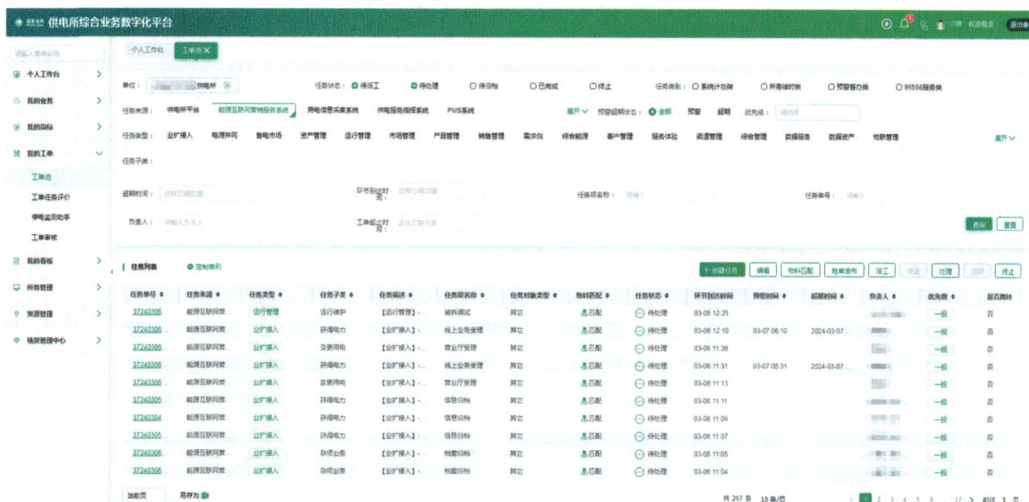

图 4-3　工单池示例图

2. 创建任务

点击"创建任务"按钮，在"创建任务"页面，创建供电所平台任务工单；任务信息包括任务项、优先级、要求完成时间、任务描述等信息。

3. 工单派工

选中任务列表中的任务，点击"派工"按钮，在"任务派工"页面对已创建的供电所平台工单进行派工，如图 4-4 所示，任务派工包括派工信息和物料信息，其中在派工信息页面，确认任务信息是否正确，选择需派工的人员；在物料信息页面，增加

图 4-4　工单派发示例图

任务所需的工器具、备品备件、车辆等。

（1）人工派单可以自动匹配当前空闲工作人员，也可指定工作人员进行处理。

（2）工单可以采取"抢单发布"模式进行派发，由工作人员按照自身任务量进行主动抢单，如图 4-5 所示。

（3）可以查看工单任务内容，选择操作处理所需的物料，自动关联供电所数字化库房进行无感知出入库，如图 4-6 所示。

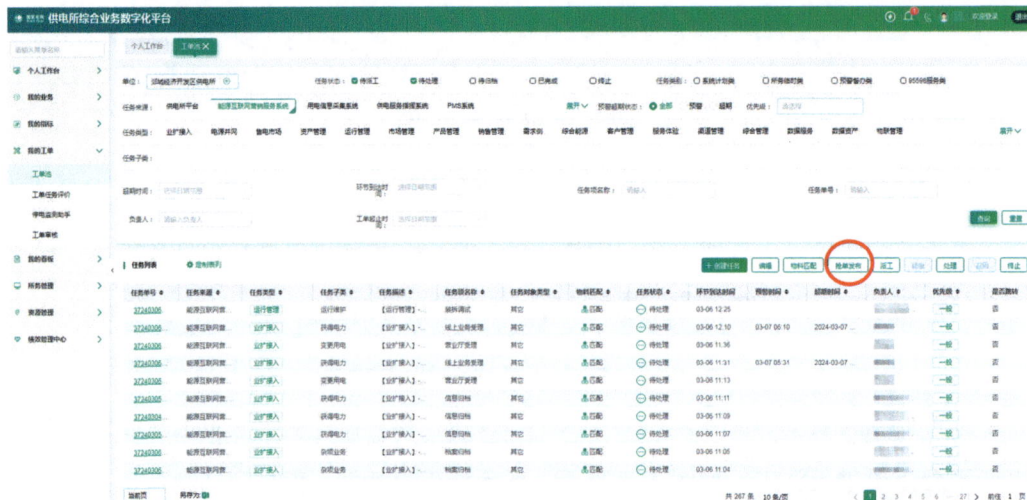

图 4-5　"抢单发布"界面

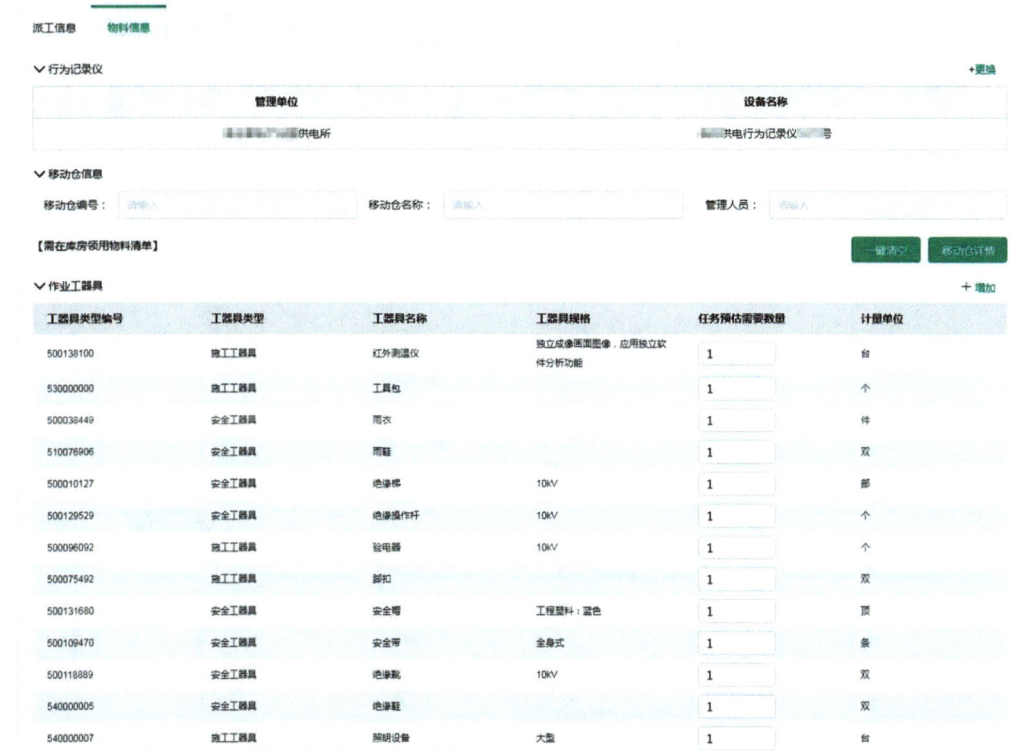

图 4-6 "物料选择"界面

4. 工单处理

外勤人员使用手机移动端（如"i 国网"App 中数字化供电所模块）进行工单的接收和处理。

（1）登录手机端 App，点击工单，可以看到待下载的供电所综合任务工单，如图 4-7 所示。

（2）点击需要处理的工单任务进行下载，并进入任务详情页面，完成任务所需内容，进行现场拍照后点击发送，如图 4-8 所示。

5. 工单评价

工单任务评价模块主要实现已归档工单的评价功能，打开任务评价页面，对工单任务进行评价，需对工作质量、工作效率、客户满意度、位置轨迹、评价说明进行填报，填报完成后点击"评价"按钮，评价完成，如图 4-9 所示。工单评价情况计入工单处理人员的月度绩效得分。

图 4-7　手机端工单接收界面

图 4-8　手机端工单处理界面

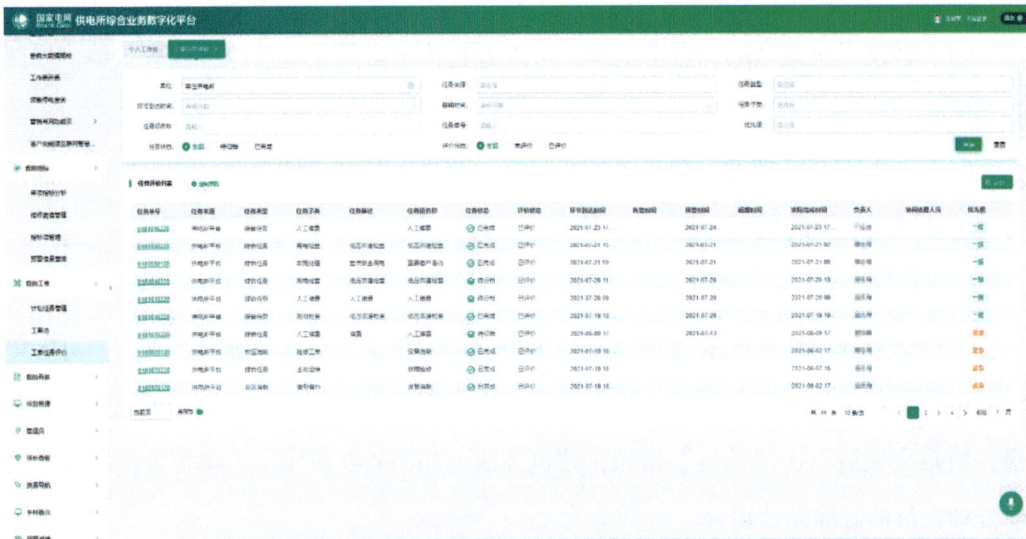

图 4-9　"工单评价"界面

4.3 停电监测

4.3.1 业务描述

利用采集系统数据优势，综合分析台区掉电户数、次数、时长等信息，构建户到箱、箱到变、变到线、线到站的研判模型，自动过滤短时停电、装置异常等特殊因素，实现停电事件精准判定。依托停电研判结果，全面开展主动抢修服务，依据位置、路况、在途工作等信息，智能匹配抢修班组，快速响应故障处理。

4.3.2 应用目标

利用采集系统及客户服务业务中台（营销系统）的停电研判能力，提升台区及以下的停电监测实时性，赋能供电所自主派发网格化服务工单，并同步通知客户。

4.3.3 应用内容

通过停电监测助手功能，按照停电范围，面向内勤展示停电信息，利用采集系统实时召测功能实现设备停电快速校核，通过"派单助手"，按照台区设备、网格关系，派发网格化服务工单，外勤人员在手机端接收工单后到达现场处理故障。

4.3.4 应用功能

在供电所综合业务数字化平台"停电监测助手"模块，内勤人员可以根据系统监测到的停电信息和停电范围，召测并核实电能表继电器通断状态，判断当前表计是否停电，如需要现场处理，可以生成网格化服务工单，派工给网格经理现场处理，实现主动抢修服务，提升服务质量。

4.3.5　应用案例

（1）通过数字化供电所业务平台的"停电监测助手"功能，可以查询管理区域内疑似停电的用户信息，如图4-10所示。

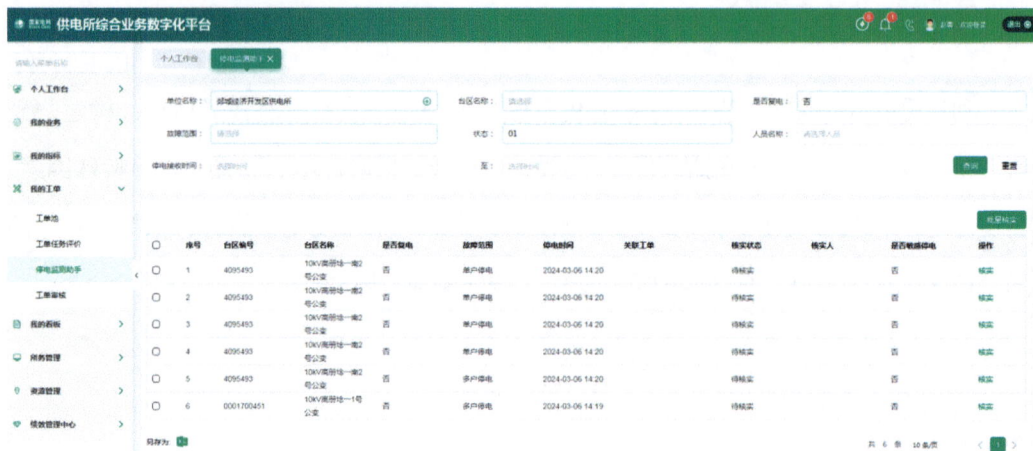

图 4-10　停电监测查询界面

（2）按照用电客户的联系电话和地址，及时对接客户，落实用电情况，根据客户是否存在故障，选择是否生成网格化服务工单进行派发，以及是否发送短信告知停电客户，如图4-11所示。

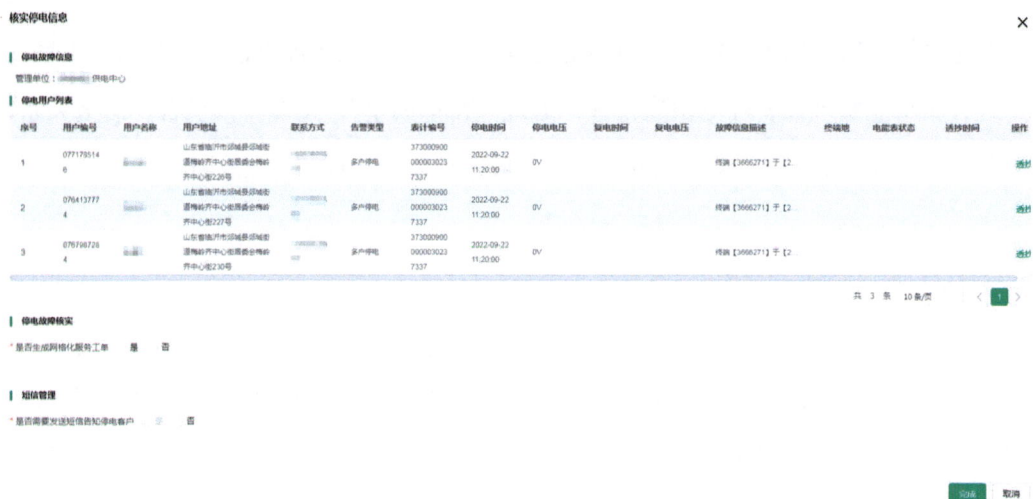

图 4-11　核实停电信息界面

4.4 系统录入

4.4.1 业务描述

应用 OCR 图像识别、语音转录等技术,通过"扫一扫、拍一拍、点一点"的方式完成工单填报,减少人工信息录入,提升功能易用性。

4.4.2 应用目标

减少内勤人员人工量,避免人工录入差错,降低信息录入复杂度,提高人员录入工作效率。

4.4.3 应用内容

营销系统录入时支持调用 OCR 识别和语音识别功能组件,实现表格、文档、网络图片、手写文字、证件、票卡单等任意格式图片中的文字信息和语音信息自动识别,提取姓名、地址、身份证号等身份证信息和单位名称、法人、统一社会信用代码等营业执照信息,将图像信息转化为文本信息。

4.4.4 应用功能

在营销系统新装增容、变更用电等流程的"业务受理"环节,系统支持自动识别证件、票卡单据等图片中的文字信息,提取姓名、地址、身份证号、统一社会信用代码等信息,将图像信息转化为文本信息处理。内勤人员不再需要手动记录,减轻了录入系统的压力。

4.4.5 应用案例

1. 通过"i 国网"App 中的 AI 助手进行识别录入

（1）登录"i 国网"App，在"我的应用"中找到"AI 助手"功能模块，如图 4-12 所示。

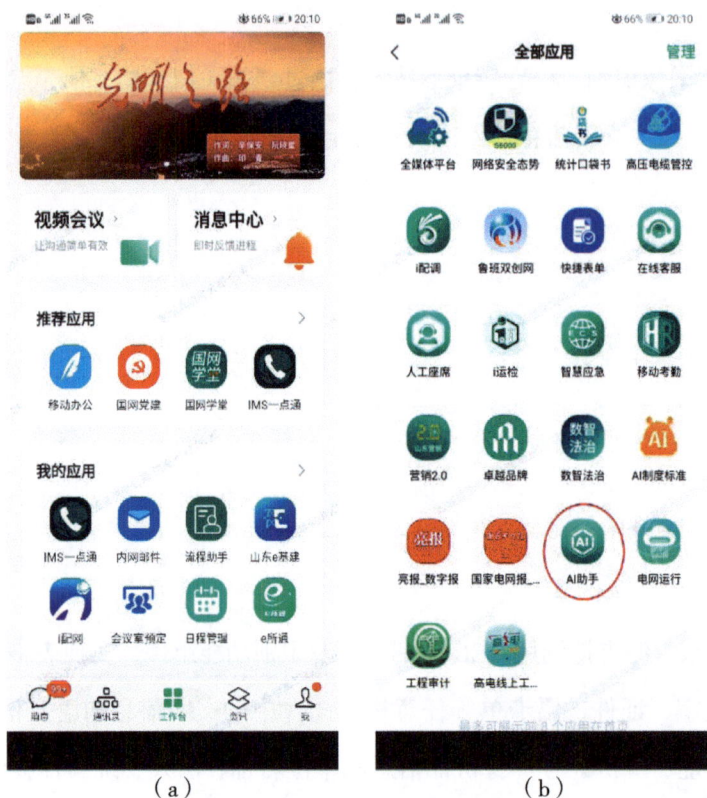

图 4-12 "AI 助手"登录界面
（a）"工作台"界面；（b）"全部应用"界面

（2）例如选择身份证识别功能，进行身份证拍照上传，如图 4-13 所示。

（3）上传身份证后点击"识别"，身份证有关信息将按照格式自动填写完毕，工作人员可以复制文本进行应用，业扩发送 OA 邮箱进行系统录入，如图 4-14 所示。

2. 通过营销系统"网上国网"PC 端进行识别录入

"网上国网"PC 端登录界面如图 4-15 所示。

"网上国网"PC 端业务选择界面如图 4-16 所示。

"网上国网"PC 端人脸识别界面如图 4-17 所示。

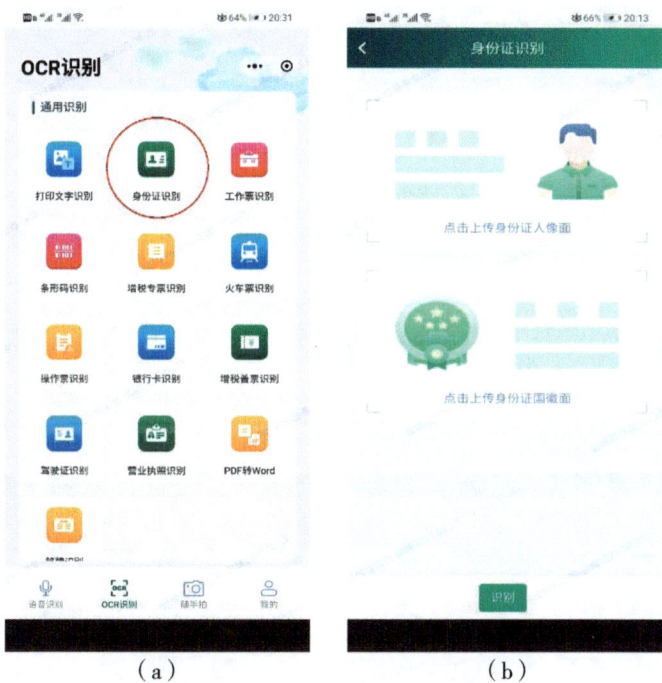

图 4-13 "身份证识别"界面

（a）"OCR 识别"界面；（b）"身份证识别"界面

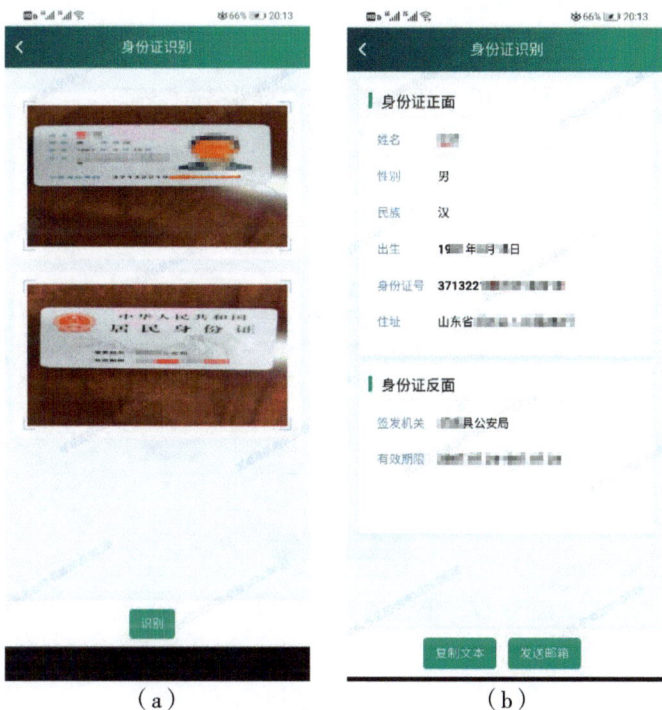

图 4-14 身份证识别操作界面

（a）上传完成界面；（b）识别文本界面

图 4-15　"网上国网"PC 端登录界面

图 4-16　"网上国网"PC 端业务选择界面

图 4-17　"网上国网"PC 端人脸识别界面

4.5 缴费提醒

4.5.1 业务描述

1. 欠费预警方面

依托大数据，打造电费风险预测助手工具，从供电所、网格、台区、员工四个维度，对营业客户电费缴费习惯数据进行统计分析，实现欠费、缴费情况的日更新、日通报和实时预警，辅助基层掌握电费回收情况。

2. 电费催收方面

依托客户标签，灵活制定催费策略，通过电话、短信、"网上国网"多种渠道，实现系统智能自动催费，完善应答话术，解读用电账单，推广"电 e 贷""电 e 票"等金融服务，释放人工催费所需人力，提升客户服务互动水平。

4.5.2 应用目标

多维度对电费回收情况进行统计、分析、提前预警，提升工作人员对电费回收情况的实时掌握能力。

4.5.3 应用内容

建立了客户与外勤人员的关联关系，当产生催费工作时，明确催费责任人。针对不同的欠费情况、信用度、风险和客户情况制定催费策略。根据催费策略，对欠费的客户进行催收，并对还款计划进行管理，达到提高电费回收率的目的。

针对后付费客户，按所、网格、台区、员工等维度实时查看电费回收率、欠费明细；针对预付费客户，当客户余额低于阈值或低于零时，展示客户当前余额、设定阈值等信息，并可以根据不同维度设定催费策略，基于催费策略系统自动执行催费工作。

4.5.4　应用功能

在营销系统物联停复电流程及"抄表包管理"功能页面，内勤人员可以维护催费责任人，按照客户分类、线路、网格、台区等条件建立关联关系，查看电费回收率，实时展示客户当前余额，方便工作人员通知客户进行电费充值；并且可以设定催费策略，当客户余额低于阈值时，系统自动执行催费工作，发送短信平台联系客户，达到自动催费的目的，减轻工作人员催费压力。

4.5.5　应用案例

（1）通过手机终端 App 查询各类用户的电费回收情况，实时掌握电费回收进度，如图 3-1 所示。

（2）欠费统计查询。输入管理单位及用户编号可以查询出用户欠费信息，如图 4-18 所示。

图 4-18　"欠费查询"界面

（3）通过费控操作进行电费催收。

1）费控预警策略。营销 2.0 系统内共有费控预警策略 39 类，基准策略名称均以"用户类型 + 预警值"格式命名，其中低压居民 7 类、低压非居民 10 类、高压 22 类，具体基准策略名称及预警值见表 4-1。

表 4-1 费控基准策略

用户类型	基准策略名称	预警值
低压居民	居民预警值 5	5
	居民预警值 10	10
	居民预警值 20	20
	居民预警值 50	50
	居民预警值 100	100
	居民预警值 200	200
	居民预警值 300	300
低压非居民	非居民预警值 50	50
	非居民预警值 100	100
	非居民预警值 200	200
	非居民预警值 400	400
	非居民预警值 800	800
	非居民预警值 1600	1600
	非居民预警值 5000	5000
	非居民预警值 15000	15000
	非居民预警值 30000	30000
	非居民预警值 75000	75000
高压	高压预警值 200	200
	高压预警值 400	400
	高压预警值 500	500
	高压预警值 800	800
	高压预警值 1000	1000
	高压预警值 1500	1500

续表

用户类型	基准策略名称	预警值
高压	高压预警值 2000	2000
	高压预警值 3000	3000
	高压预警值 5000	5000
	高压预警值 15000	15000
	高压预警值 50000	50000
	高压预警值 75000	75000
	高压预警值 30000	30000
	高压预警值 150000	150000
	高压预警值 300000	300000
	高压预警值 500000	500000
	高压预警值 750000	750000
	高压预警值 1500000	1500000
	高压预警值 3000000	3000000
	高压预警值 7500000	7500000
	高压预警值 15000000	15000000
	高压预警值 20000000	20000000

2）短信发送链路。营销 2.0 系统内短信发送路径依次为账务、消息中心、平台、运营商、用户，回执路径依次为用户、运营商、平台、消息中心、账务。发送状态分为成功、失败、处理中，其中，成功是指账务到消息中心发送成功，失败是指账务到消息中心发送失败，处理中是指账务未收到消息中心给的回执，数量较少；回执状态也分为成功、失败、处理中，其中，成功是指发送至用户端成功，失败是指发送至用户端失败，处理中是指未收到消息中心回执，如图 4-19 所示。

3）远程复电功能。用户完成电费缴纳后，对于自动复电失败的，可以通过手机端 App 进行远程复电。

a. 进入远程复电功能，页面显示输入供电单位和用户编号，如图 4-20 所示。

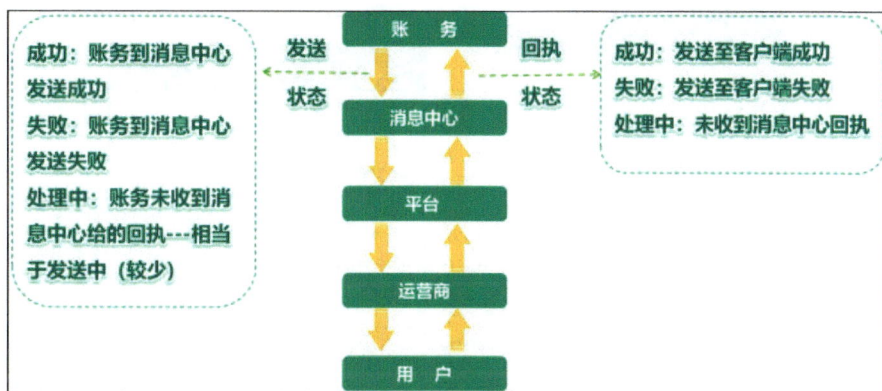

图 4-19　短信发送链路图

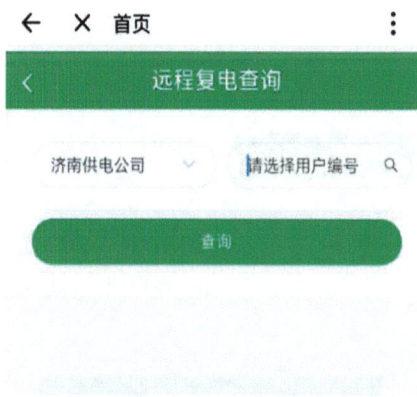

图 4-20　"远程复电查询"界面

b. 可以在选择用户框直接输入用户编号，或者点击搜索按钮进入客户档案查询页面，如图 4-21 所示。

c. 选中对应的用户，点击"查询"，即可看到用户的停电状态，对处于停电状态的用户，可以点击"复电"按钮进行复电操作，如图 4-22 所示。

（4）智能催费微应用。微应用建设基于用户缴费渠道偏爱模型、用户结清时间模型、用户联系方式识别模型、用户标签等大数据分析结果，智能更新用户催收策略；控制催收成本，实现"一户一策"催收。通过催收人员所维护的催收策略，智能生成短信催收计划和语音催收数据；对于生成的短信催收计划，调用短信平台发送短信提醒，接收短信平台短信状态，如有空号、黑名单等状态，系统自动发起人工跟进处理工单，催费员可以人工处理，可更新用户档案的账务手机号、姓名等，如图 4-23 所示。

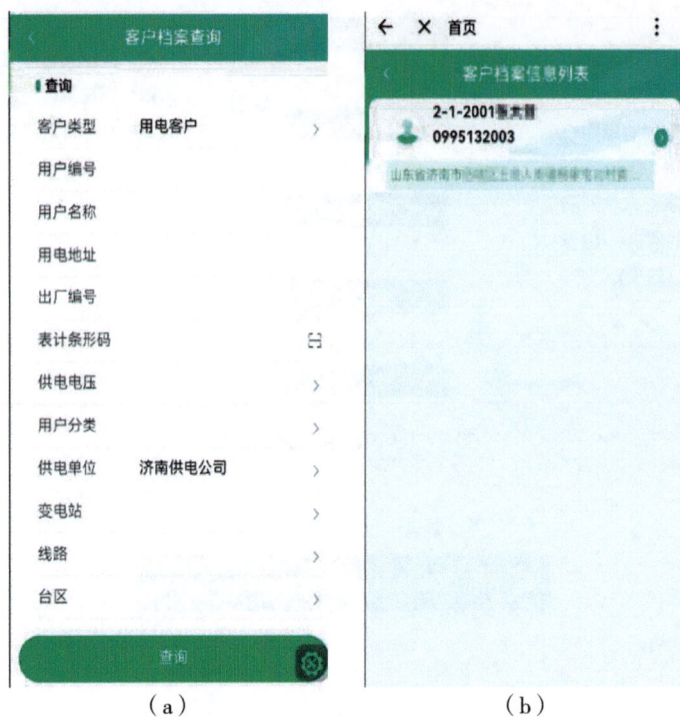

（a）　　　　　　　　　　　　　（b）

图 4-21　"远程复电搜索"界面

（a）客户档案查询；（b）客户档案信息列表

图 4-22　远程复电操作界面

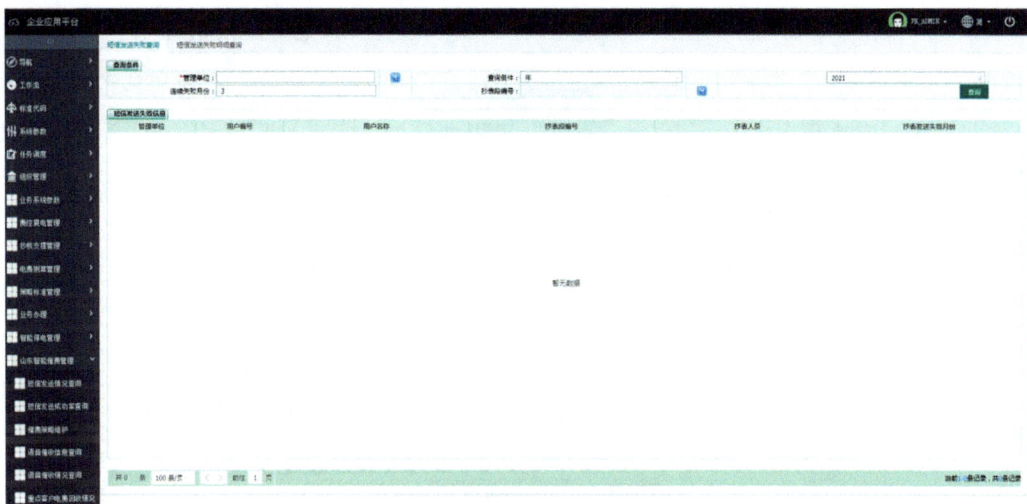

图 4-23　智能催费微应用界面

1）用户催收策略组成。如图 4-24 所示。

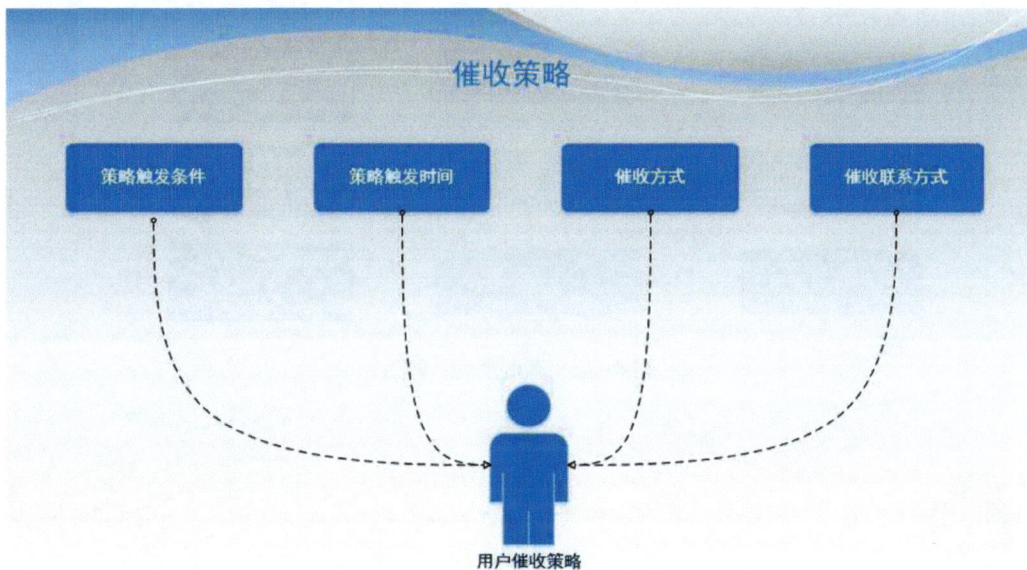

图 4-24　催收策略示意图

2）以结清时间获取策略触发时间，催收次数。如图 4-25 所示。

3）以结清渠道获取催收方式、联系方式。如图 4-26 所示。

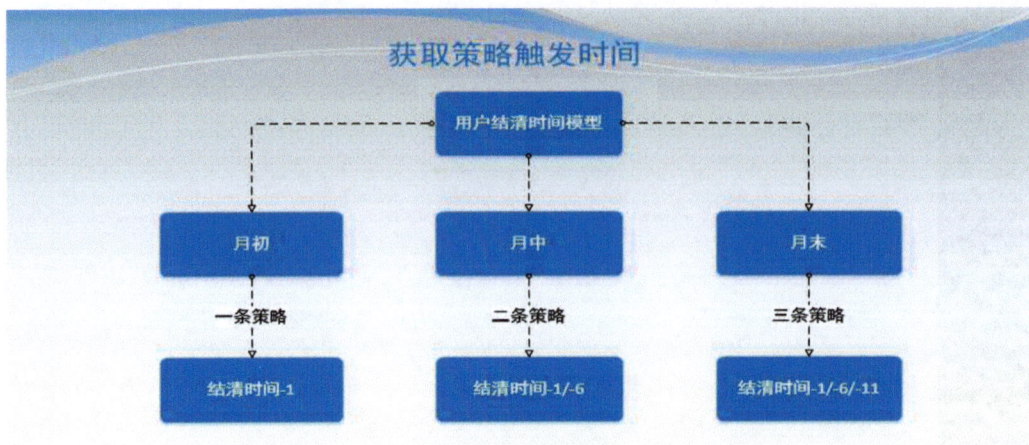

图 4-25　获取策略触发时间示意图

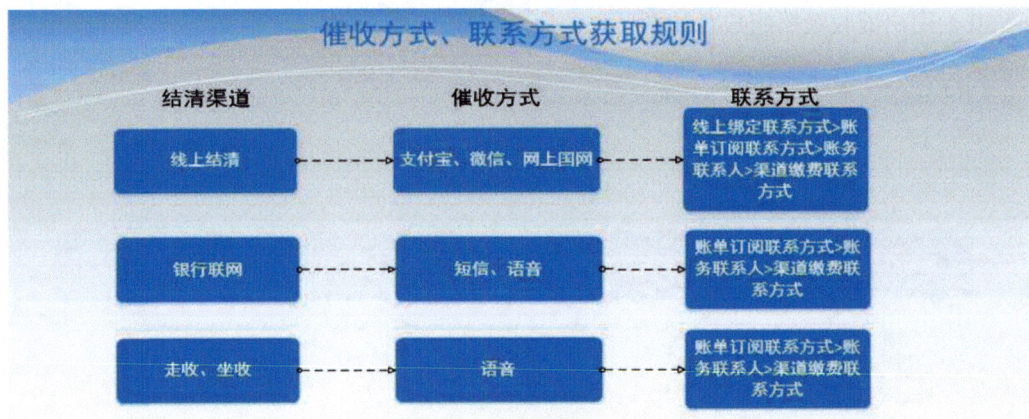

图 4-26　获取规则示意图

4.6　过户处理

4.6.1　业务描述

推进线上过户模式，与"网上国网"、政务平台、"i 国网"App 等服务渠道信息共享、工单联动，快速受理客户过户诉求，实现办电"零填单"。利用政府信息共享渠道，线上获取房产过户等资料，实现资料"电子化"。通过"网上国网"等线上服务渠道，完成供电合同签订等交互类业务，实现签约"免往返"。

4.6.2　应用目标

客户通过"网上国网"或政务平台发起过户流程，营销系统接收过户工单后，根据工单中包含的联系方式、用电地址等信息，自动检索匹配供电单位，并派发至供电所内勤人员完成工单处理。

4.6.3　应用内容

在线上受理过户工单后，实现勘察收资政务信息共享，可通过接口验证身份证和不动产证，减环节、减材料、减时长，生成供用电合同后自动推送至客户个人手机，通过电子签名完成签订，回传至营销系统。

4.6.4　应用功能

在营销系统过户流程"业务受理"环节，在客户通过"网上国网"发起过户流程，营销系统接收过户工单后，内勤人员可以通过与政务服务平台的接口完成资料收资和验真，包括身份证、不动产证，简化办电资料，核实过户资料完整无误后，自动清算余额，解除原户主供电合同及线上渠道账号关系绑定，引导新客户在"网上国网"签订供电合同，完成户主认证，提高服务效率。

4.6.5　应用案例

（1）通过营销系统房电联合办理模块，查询出政务服务平台中办理房产过户的相关信息，点击"处理"后，自动在营销系统生成过户流程，如图 4-27 所示。

（2）过户流程业务受理时政务系统同步，自动获取新户主身份证信息，如图 4-28 所示。

（3）过户流程业务受理时政务系统同步，自动获取房产证信息，如图 4-29 所示。

图 4-27　营销系统房产过户信息查询截图

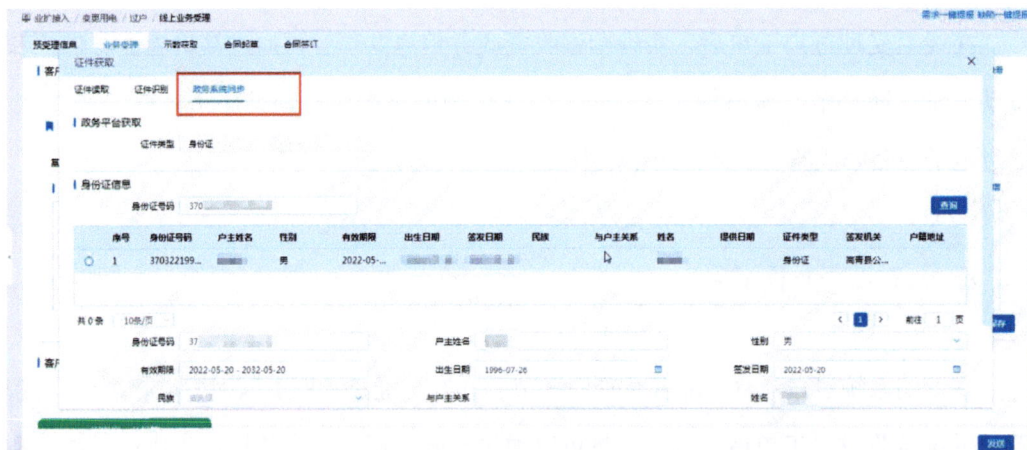

图 4-28　营销系统与政务系统同步获取身份信息截图

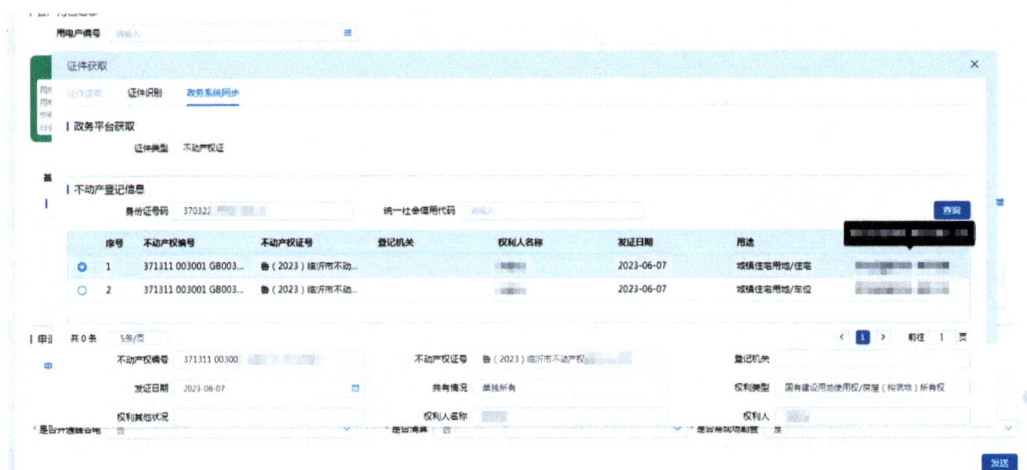

图 4-29　营销系统与政务系统同步获取房产证信息截图

4.7 ———————————————————————— 公示发布

4.7.1　业务描述

梳理电网企业公开信息目录，公告国家电力法规、服务项目、服务承诺等重要信息，确保客户服务过程数据同源、体验一致。

4.7.2　应用目标

对各营业厅电子大屏显示内容，以及供电所全体或部分员工，进行线上远程统一信息发布，解决人工线下发布操作烦琐、发布内容不统一、内容监管难等问题，减轻内勤人员负担。

4.7.3　应用内容

1. 公示发布助手

基于营业厅智能管控平台，开发了公示发布助手，实现营业厅各类公示屏设备的分析管理，对公示屏所需的展示数据进行一键推送，为营业厅日常工作提供支撑。

2. 平台公告发布

依托数字化供电所业务平台，完成公告建立，向目标单位或人员发布公告。

4.7.4　应用功能

1. 公示发布助手

通过营业厅智能管控平台"公示发布助手"模块，省营销服务中心可以一键推送最新的文件、电价表等公示内容到供电所营业厅公示屏幕，不再需要内勤人员线下导入，在减少工作量的同时，从源头上确保了公示信息的及时、准确和统一。

2. 平台公告发布

通过数字化供电所业务平台"公告发布"菜单，内勤人员根据日常工作需求，编辑公告详情信息进行发布，不再需要内勤人员线下传达。

4.7.5 应用案例

1. 公告发布

（1）功能介绍：可选择公告标题、内容、附件，以及接收单位或人员，发布公告。

（2）操作介绍：点击"公告发布"菜单，进入公告发布页面，输入公告详情信息，点击"发布"按钮，完成公告的发布，公告信息包括公告类别、公告期限、公告标题、公告详情和公告附件等，其中带"*"的为必填项；点击公告附件列表中的"选择文件"按钮，可将本地公告文件上传至平台；点击"删除"按钮，将上传至平台的附件删除，如图4-30所示。

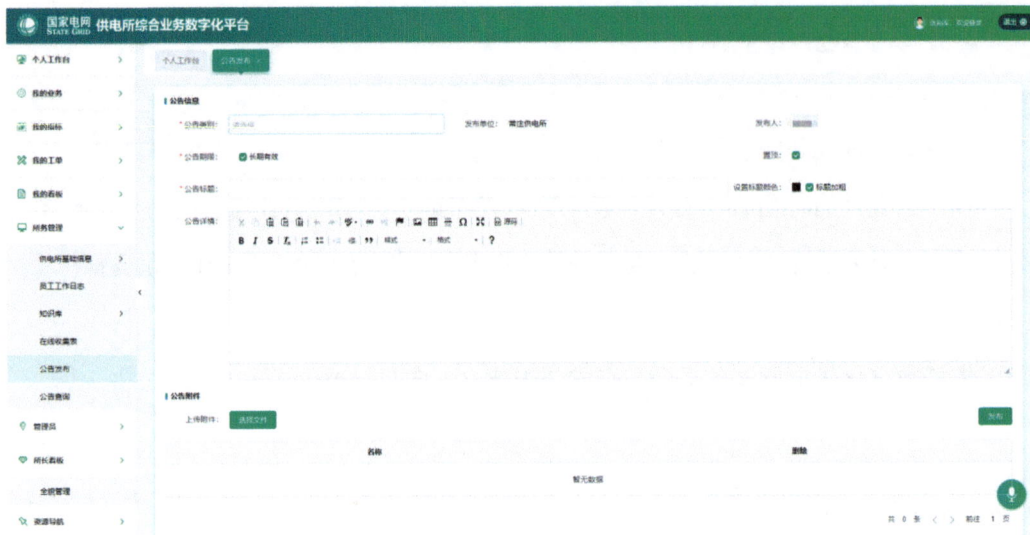

图4-30 "公告发布"界面

2. 公告查询

（1）功能介绍：对已发布工单进行查看、维护、删除。

（2）操作介绍：通过选择关键字或在搜索框输入查询条件，点击"搜索"按钮，查看公告列表信息；点击"重置"按钮，可将搜索条件恢复成默认。如图 4-31 所示。

1）修改公告：点击公告列表中的"修改"按钮，进入当前公告记录的"修改公告信息"页面，根据实际情况修改公告类别、公告期限、公告标题、公告详情等公告信息，点击"选择文件"按钮，可上传本地附件；点击"发布"按钮，完成公告信息的修改操作；点击公告附件列表记录中的"删除"按钮，可将上传的附件信息删除。

2）删除公告：点击公告列表中的"删除"按钮，可将当前公告记录删除。

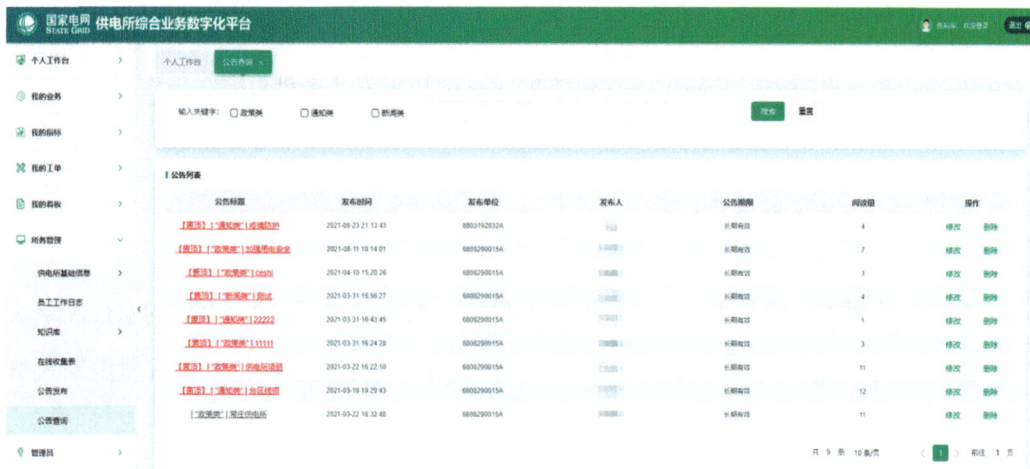

图 4-31　"公告查询"界面

4.8　会议记录

4.8.1　业务描述

依托数字化供电所业务平台进行会议信息查询、会议纪要查看、会议纪要整理、一键生成会议纪要、会议信息预览、会议信息导出、会议纪要文件重新转译等会议管理。

4.8.2　应用目标

为内勤人员提供会议信息管理功能，无须进行会议纪要整理、发送等人工操作，减少工作量。

提供会议信息管理功能，支持会议录音或图片智能识别并生成文字，主要功能包括会议信息查询、会议纪要查看、会议纪要整理、一键生成会议纪要、会议信息预览、会议信息导出、会议纪要文件重新转译等功能。

4.8.3　应用内容

数字化供电所业务平台建设了会议管理功能，贯通人工智能平台实现 OCR 识别和语音识别功能，可将会议纸质记录或语音记录自动转录为文字进行编辑整理。

4.8.4　应用功能

在数字化供电所业务平台"会议管理"模块，系统对"e 所通"上传的附件（录音或图片）进行智能识别，并转译为文字，平台支持一键生成会议纪要，方便内勤人员查看整理好的会议纪要内容。

4.8.5　应用案例

1. 会议管理

（1）功能介绍。提供会议信息管理功能，支持会议录音或图片智能识别并生成文字，主要功能包括会议信息查询、会议纪要查看、会议纪要整理、一键生成会议纪要、会议信息预览、会议信息导出、会议纪要文件重新转译等功能。

（2）操作介绍。

1）查询：在会议管理页面，输入查询条件，快速查找会议信息，如图 4-32 所示。

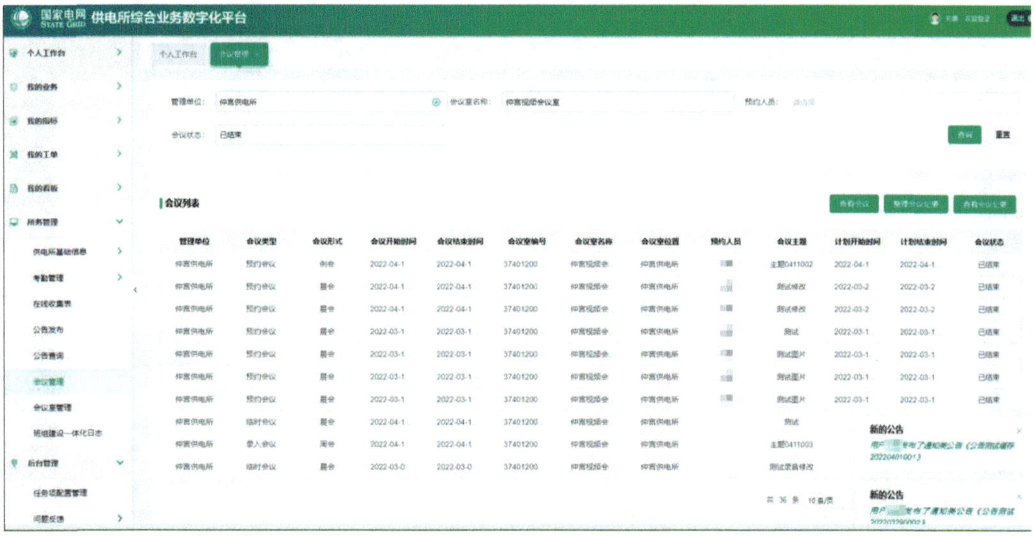

图 4-32 会议管理

2）查看会议：在会议管理页面，点击"查看会议"按钮，查看会议详情信息；会议信息包括管理单位、会议室名称、会议室位置、开始时间、结束时间、会议形式、会议主题、会议状态、参与人员、备注信息、预约人员、计划开始时间、计划结束时间、是否发送提醒等，如图 4-33 所示。

图 4-33 会议管理

3）整理会议纪要：在会议管理页面，点击"整理会议纪要"，进入"整理会议纪要"页面查看会议信息，会议信息包括会议基本信息和会议附件信息，如图 4-34 所示。

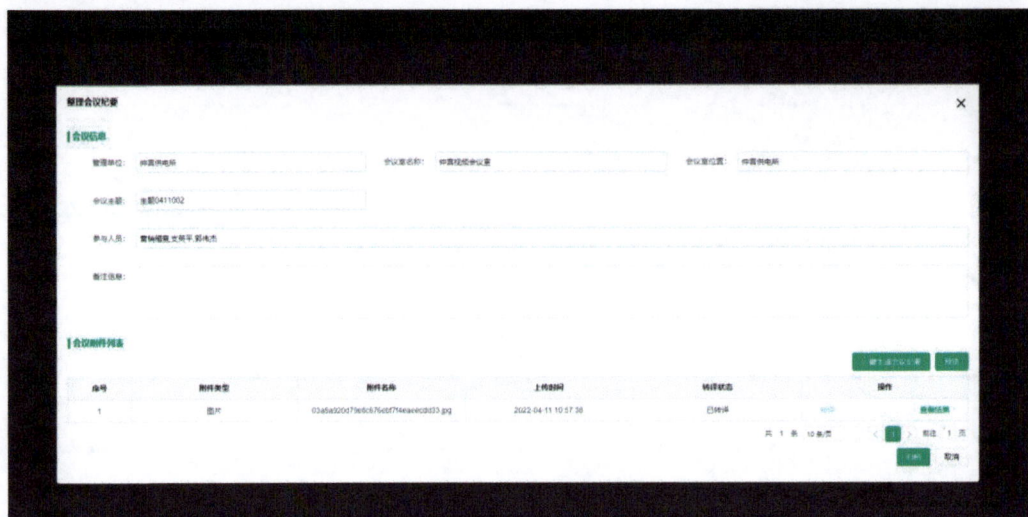

图 4-34　会议管理

4）查看会议纪要：在会议管理页面，点击"查看会议纪要"按钮，查看已归档的
会议信息，如图 4-35 所示。

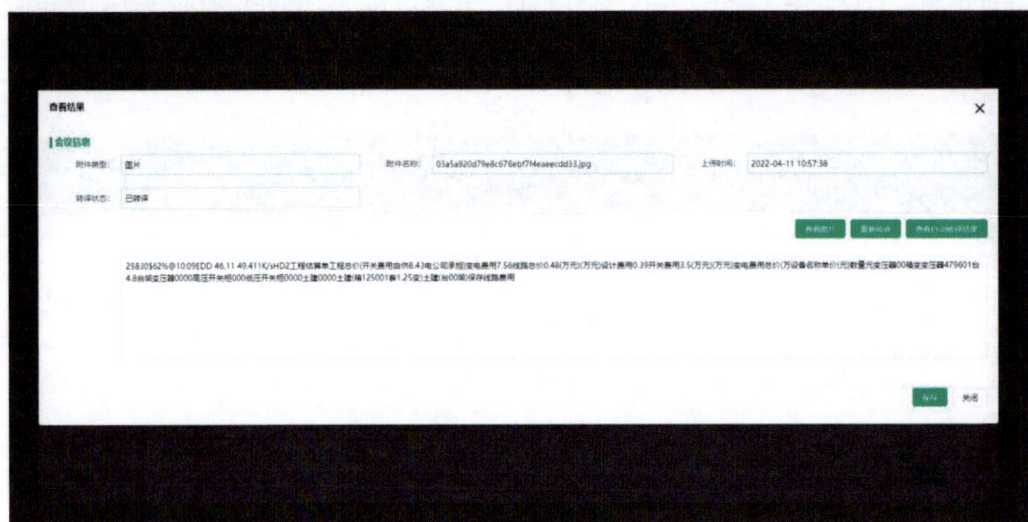

图 4-35　会议管理

5）一键生成会议纪要：在"整理会议纪要"页面，点击"一键生成会议纪
要"按钮，根据"e 所通"上传的附件（录音或图片）智能识别，并生成文字类型
会议纪要；同时通过点击"查看结果"按钮，查看在"e 所通"转译完成的会议纪要
信息。

6）预览：在整理会议纪要页面，点击"预览"按钮，查看会议纪要纪要信息，支持会议内容维护和会议信息导出功能，如图 4-36 所示。

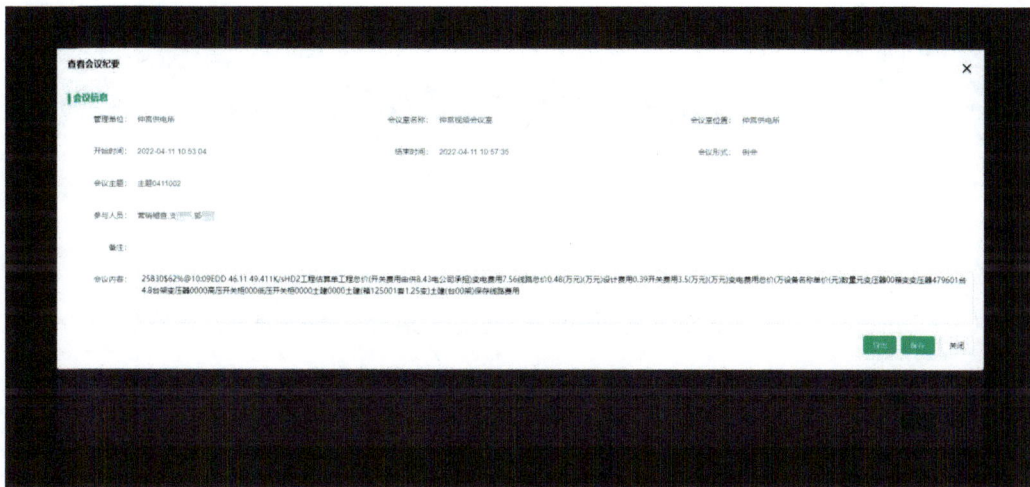

图 4-36　会议室管理

7）重新转译：在"整理会议纪要"页面，点击"查看结果"按钮，进入查看结果页面，点击"重新转译"按钮，对已转译的会议纪要（录音或图片）进行重新转译，如图 4-37 所示。

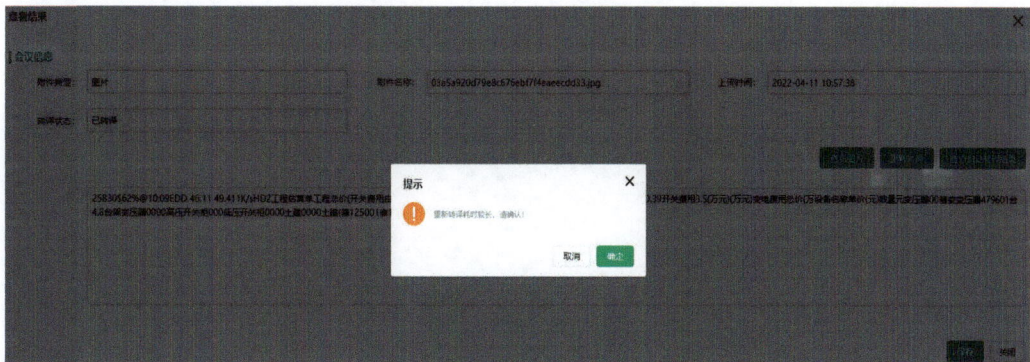

图 4-37　会议管理

8）查看转译源文件：在查看结果页面，点击"查看图片"或"查看录音"按钮，查看文件转译前源文件，如图 4-38 所示。

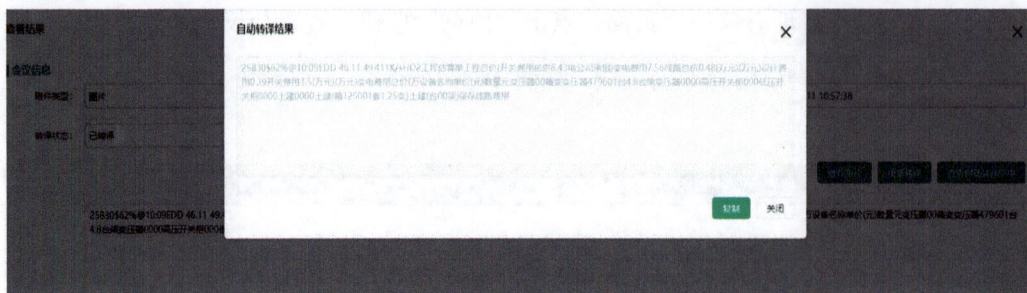

图 4-38　会议管理

2. 会议室管理

（1）功能介绍。提供会议室管理功能，功能包括会议室查询、会议室新增、会议室维护、会议室删除等。

（2）操作介绍。

1）查询：在"会议室管理"页面，输入查询条件，快速查找会议室，如图 4-39 所示。

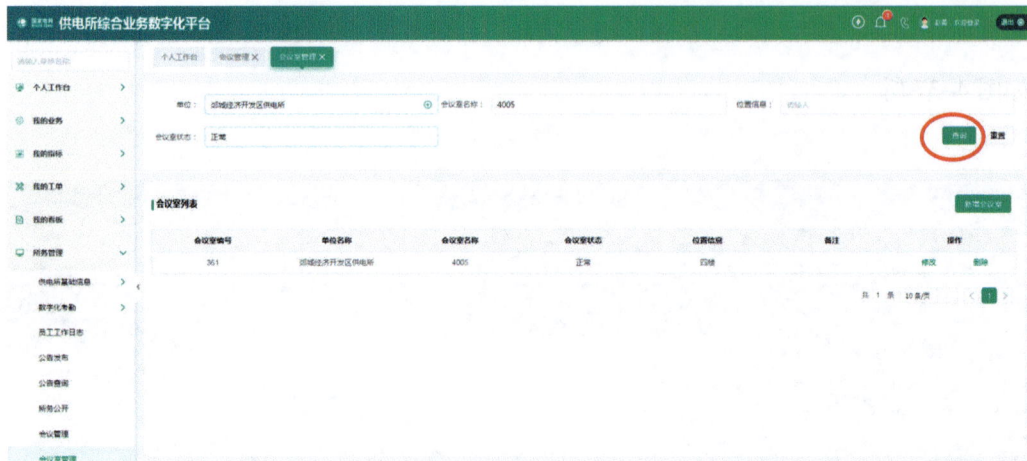

图 4-39　会议室管理

2）新增：在会议管理页面，点击"新增会议室"按钮，弹出新增会议页面；在"新增会议"页面，填写单位、会议室名称、位置信息、会议室状态、备注等信息；填报完成后，点击"保存"按钮，保存会议室信息，如图 4-40 所示。

3）修改：在会议管理页面，点击"修改"按钮，弹出修改会议页面；在"修改会

图 4-40　会议室管理

议"页面，修改单位、会议室名称、位置信息、会议室状态、备注等信息；修改完成，点击"保存"按钮，保存修改后会议室信息，如图 4-41 所示。

图 4-41　会议室管理

4）删除：在会议室管理页面，点击"删除"按钮，删除已保存的会议室信息。

第 5 章

CHAPTER 5

供电所外勤人员应用指导

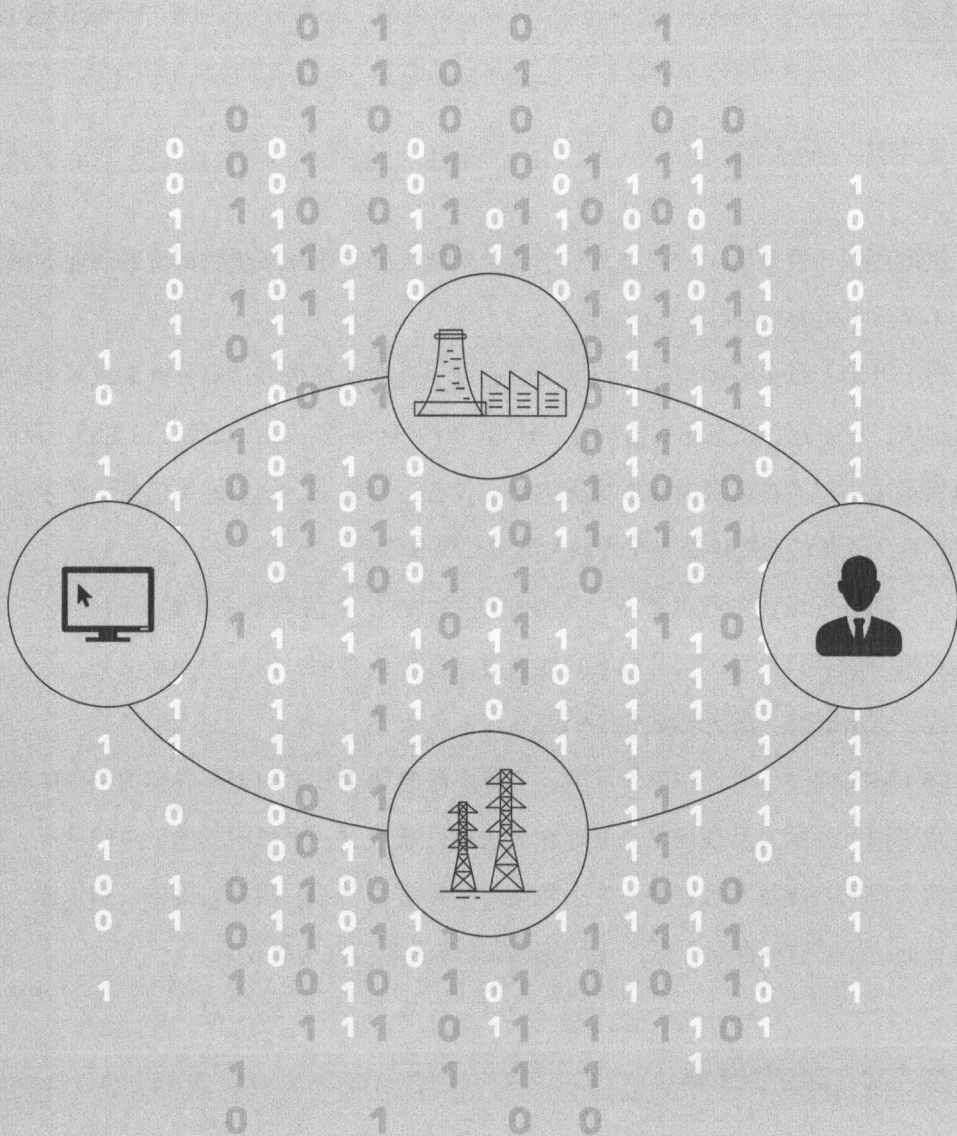

供电所外勤人员主要负责设备运维、设备检修、故障抢修，以及装表接电、用电检查、反窃电、计量设备运维、停电通知、安全用电管理、电力设施保护、客户走访、属地协调等现场工作，直接管理设备，面向客户提供服务。充分运用手机端"i 国网"App、"网上国网"的"点、选、扫、拍、签"等功能，从员工视角出发，实现现场查询、装拆、过户、预警、调试、扫码等多类业务场景"一机完成、一次办结"。

5.1　一键查询

5.1.1　应用背景

供电所作为最基层单位，涉及多个专业系统，各专业间系统数据贯通和业务融合能力不足，主要表现在以下三个方面：

（1）外勤人员关心的指标、数据无法通过手机在现场查询，部分查询权限未配置到供电所，设备运行状态感知信息存在延迟，时效性不强，知识政策信息更新不及时，供电所员工不能直接或及时获取指标趋势、设备运行状态、知识库等信息，亟须通过权限配置、设备信息透传等支撑外勤人员实时获取信息。

（2）部分现场业务数据繁杂，需要通过手机在多个信息模块或界面间切换查询，才能获取有效客户信息，部分档案只能通过内勤辅助查询，内外勤频繁交互，数据直达一线、直达班组、直达现场能力不足。

（3）各部门、各专业在工作部署、工单下派时缺少贯通归类，各类别工单办理时效要求不同，外勤人员现场工作时存在无法查询获取同一现场的其他工单的情况，需要多次往返同一现场办理业务。在手机端打造集客户档案、指标、设备、知识库、工单等查询功能的信息查询中心，可大幅提高现场作业信息获取效率。

5.1.2　应用目标

依托"i 国网"App、"网上国网"App 等手机端 App，快速查询客户、指标、设备、知识政策、工单等信息，提升现场信息获取效率，提前洞察客户需求，支撑业务同步办理，提升外勤人员作业效率及客户满意度。

5.1.3 应用内容

1. 客户信息查询

（1）客户档案信息。支持外勤人员现场扫码或输入客户编号精准查询，获取客户档案、设备档案、计量档案信息。包括客户地址、客户名称、用电类别、运行容量、执行电价、城乡标识、供电电压、"网上国网"注册绑定情况等基本信息，以及客户缴费欠费信息、电量电费信息、计费信息、计量资产信息、受电设备信息、客户办理工单信息、预收余额、历史收费明细等。

（2）费控信息。支持外勤人员现场查询所属辖区的欠费信息，辅助外勤人员在接到客户停电咨询时，快速答复停电原因。对于欠费停电客户，可查询停复电策略执行情况及停电执行时间，生成专属缴费二维码，跳转引导客户使用"网上国网"开展线上缴费（针对未注册绑定客户，引导客户注册绑定）。

（3）停电信息。支持外勤人员现场扫码或输入客户编号查询客户停电原因，对于非欠费停电客户，可同步分析查询预计复电时间，并告知客户。

（4）渠道绑定情况。支持外勤人员现场通过客户编号等信息一键查询客户渠道端绑定信息，针对未绑定客户，一键点击"推广码"，跳转引导客户扫码注册绑定。

（5）用电负荷信息。支持外勤人员通过输入客户名称、客户编号，现场实时查询客户及台区关口的负荷数据，方便现场工作人员查看并进行异常分析。

（6）个性化查询信息。针对执行有序用电的客户，支持外勤人员现场按照台区、线路等条件，一键查询"绿色国网"注册及"能效 e 助手"使用情况。针对运行的分布式客户，支持外勤人员现场通过户号、户名查询客户日冻结情况及召测功率情况，一键得知分布式客户是否正常运行，针对发电不正常的客户及时告知。针对台区下的充电桩（站）、岸电桩客户，支持外勤人员查看设备分布、使用情况等信息。

2. 指标查询

支持外勤人员现场查看所属台区的指标情况，包括电费回收率、台区线损率、分台区日/月线损达标率、电压合格率、敏感客户等信息。对于线损异常，可查询并展示采集异常、采集失败、离线终端等关联数据，支撑外勤人员快速定位异常；对于电压合格率，支持实时电压、电流数据透抄，辅助外勤人员远程初步判定缺陷。

3. 设备查询

支持外勤人员现场查询设备档案信息及历史运维工单信息，包括计量箱、电能表、采集终端、充电桩、岸电桩、互感器、变压器等信息。对于达到装拆条件的设备，支持一键跳转至"一键装拆"环节；对于存在窃电或违约用电的设备，支持一键跳转至反窃电系统，发起违约用电处理流程。

4. 知识库查询

支持外勤人员现场通过关键字查询，并展示知识库内容，实现知识快速共享、在线应答。对于客户咨询类问题，支持外勤人员使用语音智能助手获取用电知识、最新电价政策等信息，现场为客户解答电价政策；对于客户业务办理需求，支持外勤人员查询代理购电相关业务办理流程及政策信息；对于现场作业安全及作业流程类问题，支持实时查看营销安规、标准化作业指导书、标准化作业视频。

5. 工单查询

支持外勤人员对所在台区或附近台区完成客户"网上国网"推广、稽查、现场巡视等相关工单的同步查询。支持相同客户、相同设备的在途工单查询，支撑业务合并办理，避免外勤人员多次往返现场。

5.1.4 应用技术

1. 贯通基础数据信息

通过数字化供电所全业务平台获取营业收费、业扩报装、营销稽查、设备巡检、故障抢修核心业务、作业计划、工作票、安全措施、施工质量、反窃电信息、用电检查信息、线损管理、计量运维等基础数据，基于"i国网"App或"网上国网"，按专业创建手机端查询界面，支持客户信息、台区指标、设备信息、知识库、工单等查询。

2. 优化信息录入

优化手机端条码扫描功能，通过扫描电能表等设备条码快速识别设备信息，关联客户；研发专用文字识别功能，通过拍照精准获取客户身份证、银行卡、营业执照、增值税发票、通用印刷体等图片信息；优化语音录入功能，实现地址、姓名等信息的快速录入；通过常用热词归集，提供点选快捷录入，实现查询需求快速响应。

3. 建立各业务数据全景视图

（1）建立客户数据全景视图。对外勤人员按照服务区域、岗位需求等设置客户信息查看权限。

（2）建立指标看板全景视图。对指标数据集中展示、监控、预警，且做到逐级下钻查看明细。支持外勤人员现场查看所属台区的指标情况，包括电费回收率、台区线损率、分台区日 / 月线损达标率、电压合格率、敏感客户等信息。对于线损异常，可查询并展示采集异常、采集失败、离线终端等关联数据，支撑外勤人员快速定位异常；对于电压合格率，支持实时电压、电流数据透抄，辅助外勤人员远程初步判定缺陷。

（3）建立设备数据全景视图。汇聚设备全生命周期链中"采购、验收、检定检测、仓储配送、安装、运行、拆除、报废"八大核心环节的全量基础属性。支持外勤人员现场查看设备档案信息，以及历史运维工单信息，包括计量箱、电能表、采集终端、充电桩、岸电桩、互感器、变压器等信息。对于达到装拆条件的设备，支持一键跳转至"一键装拆"环节；对于存在窃电或违约用电的设备，支持一键跳转至反窃电系统，发起违约用电处理流程。

（4）建立政策信息查阅功能。支持外勤人员通过模糊检索功能，现场快速搜索相关的政策信息文件，及时查阅各级最新的重要文件、公司标准制度规范及常见问题的标准答案等。

5.1.5 应用案例

1. 台区经理工作台的指标查询

登录手机端 App，台区经理工作台展示了电费回收率、线损管理、供电质量、投诉管理等指标，工作人员可以下拉查看指标，点击可以查看指标详情，如图 5-1 所示。

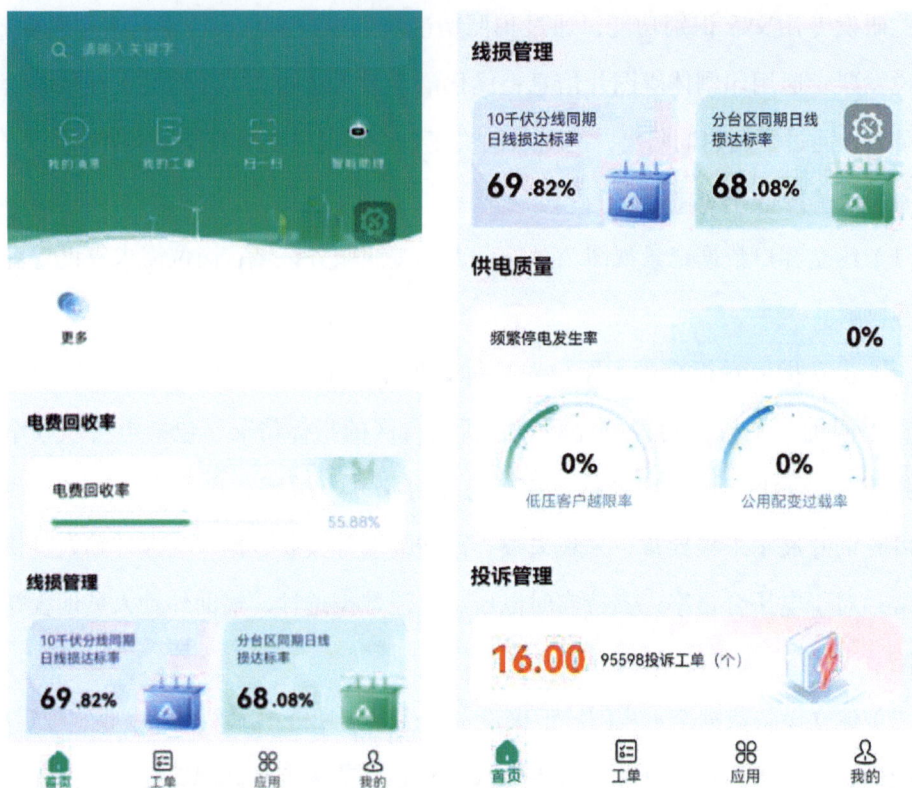

图 5-1　台区经理工作台示意图

2. 客户档案查询

（1）登录手机端 App，点击"客户统一视图"，可以看到客户档案查询的页面，输入一个查询条件，比如"供电电压"选择"交流 220V"，如图 5-2 所示。

（2）点击"查询"按钮，查询出符合查询条件的用电客户档案列表，如图 5-3 所示。

（3）点击列表中的一个用户，可以查看详细信息，如图 5-4 所示。

3. 欠费查询

欠费统计查询输入管理单位及用户编号可以查询出用户欠费信息。

4. 负荷查询

（1）用户负荷查询。打开用户负荷功能，输入用户编号及时间，点击"查询"，可以查看用户负荷数据，点击可以展示曲线图及负荷明细数据，如图 5-5 所示。

（2）台区关口负荷查询。

1）打开关口负荷功能，点击查询，可以先点击台区查询，根据单位，查询单位下

图 5-2　查询条件检索示意图

图 5-3　客户档案信息列表截图

图 5-4　客户档案信息截图

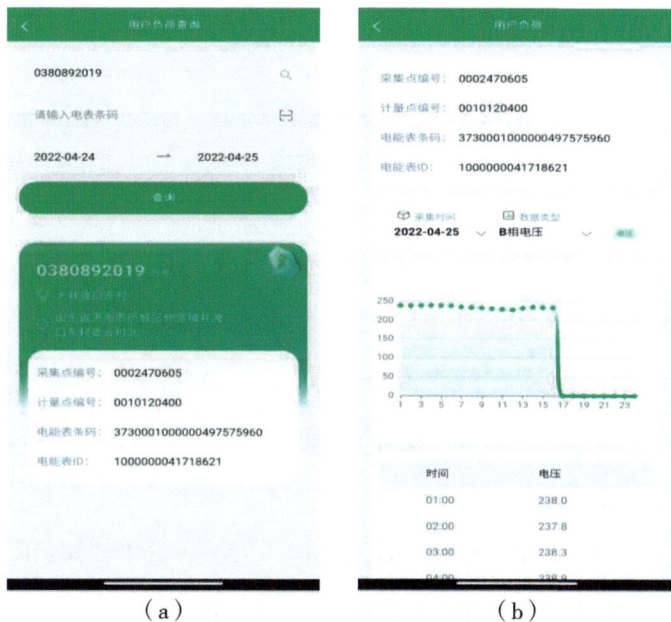

（a）　　　　　　　　　　　（b）

图 5-5　用户负荷查询截图
（a）用户负荷数据；（b）曲线图及负荷明细数据

台区明细数据。台区查询如图 5-6 所示。

2）选择台区，点击"查询"，查询到计量点及线路数据，如图 5-7 所示。

图 5-6　台区查询截图 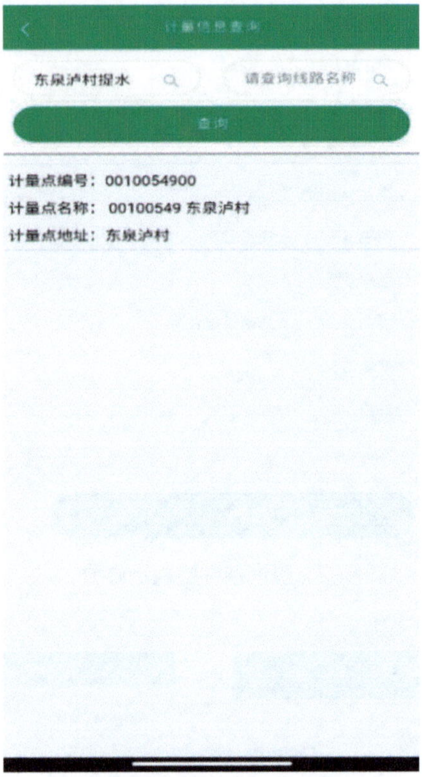　　　　图 5-7　计量信息查询截图

3）选择时间，查询关口负荷数据，点击数据查看关口曲线图及明细数据，如图 5-8 所示。

5. 终端在线查询

输入用户编号，查询终端是否在线，如图 5-9 所示。

6. 知识库查询

（1）登录手机端 App，点击"应用"，选中"知识库"功能，页面显示移动作业知识库和营销知识库两个模块，如图 5-10 所示。

（2）选中其中一条知识点击进入，显示知识详情信息，如图 5-11 所示。

图 5-8　关口负荷查询截图

图 5-9　终端在线查询截图

（a）

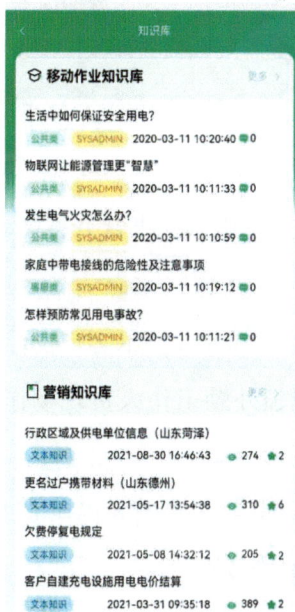

（b）

图 5-10　知识库查询截图
（a）"应用"界面；（b）"知识库"界面

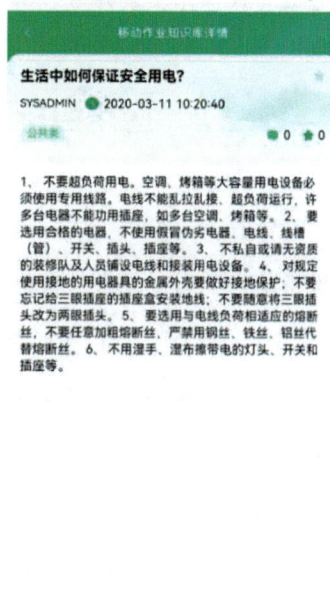

图 5-11　知识库查询详情截图

5.2 ——————————————————————————— 一键装拆

5.2.1 应用背景

原有装拆业务存在重复录入、差错率高等问题，整体工作链路长、环节多、专业要求高，基层员工装拆管理负担重。

外勤人员现场装拆作业中，新旧设备示数、资产编号等相关信息存在手工录入情况，且装拆后综合柜员需再次通过营销系统完成信息录入，易造成计费差错，影响公司利益。

设备装拆现场需要手工进行勘察信息填报、旧表示数记录、电能换装告知单签署等文档，并同步完成拍照上传。作业人员往返现场需携带大量纸质单据，事后仍需在营销系统再次完成信息录入，整体工作链路长、重复信息录入多、专业要求高，装拆时间与业务流转时间不同步，信息化支撑手段不足。亟须通过"点、选、扫、拍、签"等极简式操作实现计量装拆现场一次办理，系统自动流转。

5.2.2 应用目标

依托"i国网"App，通过使用手机、手机背夹、移动终端等设备，实现计量新旧设备信息的自动录入、自动归档。

（1）避免因手工录入造成的计费差错，降低客户投诉风险。

（2）减少纸质单据携带，减轻外勤工作人员现场作业负担，避免内勤数据重复录入。

（3）通过"点、选、扫、拍、签"等极简式操作实现计量装拆现场一次办理，系统自动流转，提升现场工作人员装拆效率。

5.2.3　应用内容

1. 现场情况勘察

在客户计量装置故障报修、采集系统自动推送计量设备异常预警、具备周期性轮换条件或隐患排查等发现装拆需求后，外勤人员制定作业计划，到达客户现场后，勘察现场实际故障情况，评估安全风险及措施，通过手机端"营销现场作业"App 扫描现场旧计量装置条形码，获取设备及客户的基本信息，填写装拆原因，即时发起"一键装拆"业务工单，关联作业计划，并填报工作票，确认信息无误后，发送至供电所相关安全管理人员进行审批。

2. 旧设备拆除

外勤人员经过工作票现场许可，召开班前会，布置安全措施，通过"一键装拆"业务微应用选择需要拆除的计量设备（电能表、互感器、采集终端、计量箱等），通过"营销现场作业"App，利用手机背夹红外通信功能，完成旧表示数抄读，自动获取旧表示数信息（尖、峰、谷）。若需进行电费退补，则触发电费退补流程；若存在窃电及违约用电行为，则触发合同履约管理流程，在反窃电监控系统发起工单处理。

3. 新设备安装

外勤人员扫码获取新设备参数信息，包括设备状态、设备类型、电流、电压等，完成计量设备或计量箱资产信息录入及地理信息上传，实时展示并提醒外勤人员新旧设备的参数差异。外勤人员确认无误后完成新设备安装，扫描计量箱及铅封码，系统自动完成营销作业停电登记、箱表关系、铅封号等相关数据维护，通过拍照、识别等自动获取铅封、设备安装情况等相关现场数据及留痕，完成设备安装，新表信息自动同步至营销系统。同时自动跳转至"一键调试"环节，完成即装即采。

4. 客户确认及评价

对于电能表装拆等需客户现场确认的业务，一键生成包括客户基本信息、新旧设备信息、装拆人员、装拆时间等信息的电子装拆单，客户现场进行电子签名确认。现场作业完成后，通过"网上国网"或短信形式向客户发送新旧设备信息、现场服务满意度评价链接，收集客户意见。

5. 工作票终结

现场作业结束后，工作负责人清理现场，撤离班组成员，通过"营销现场作业"App 总结报告并拍照，完成工作终结许可。

5.2.4 应用技术

1. 业务系统集成

集成营销业务、用电信息采集、工单池等系统数据，实现关联工单、客户档案、表计示数、资产信息跨系统推送。在移动终端 App 内嵌 OCR 识别、语音识别、电子签名等功能应用，对设备图像、经纬度信息、设备关联关系等数据进行采录，获取采录的客户档案信息及计量资产信息，实现最近一次采集示数快速调取，反窃电、用电检查工单快速派单。

2. 设备信息录入

优化手机端定位功能，作业过程中，现场作业应用根据人员轨迹实时获取经纬度，并与设备交互，实时获取或上传新旧设备地理位置及员工作业位置信息。利用手机背夹红外通信功能完成旧表示数抄读。利用超高频识别技术等优化手机端条码扫描功能，快速识别获取设备资产编号，完成新装设备信息自动录入、设备关系智能绑定。

3. 客户交互方式

现场作业人员完成作业后，通过现场作业应用展示装拆示数信息给客户确认，手机端集成电子签章功能，完成客户电子签名或电子签章操作。若客户不在现场，可通过手机端蓝牙打印告知单，张贴于现场，并进行现场作业拍照佐证。集成短信平台和"网上国网"服务渠道，将表单等附件链接以短信或"网上国网"消息形式推送至客户。手机端 App 生成包括客户基本信息、新旧设备信息、装拆人员、装拆时间等信息的电子装拆单，客户现场以电子签名形式确认。现场作业完成后，通过"网上国网"或短信形式向客户发送新旧设备底度信息、现场服务满意度评价链接，收集客户意见。

5.2.5　应用案例

登录手机端 App，点击"一键装拆"应用。点击"一键装拆"，进入"一键装拆"页面，可以选择"一键换箱"或"一键换表"功能，点击右上角按钮可以清理已保存的数据，如图 5-12、图 5-13 所示。

图 5-12　"一键装拆"应用功能示意图　　　　图 5-13　"一键装拆"页面截图

1．一键换箱

（1）点击进入图 5-14 所示的"一键换箱"页面，扫描或输入被拆计量箱条形码，点击"查询"，带出相关信息，扫描或输入新装计量箱条形码，获取经纬度，点击"保存"，可以暂存数据，点击"提交"，发送至营销表箱拆回入库环节。

（2）录入完成后，点击"新增"生成空白页面，已录入的数据自动存储，可通过点击右上角"换箱列表"查看、删除或批量提交，如图 5-15 所示。

图 5-14 "一键换箱"截图

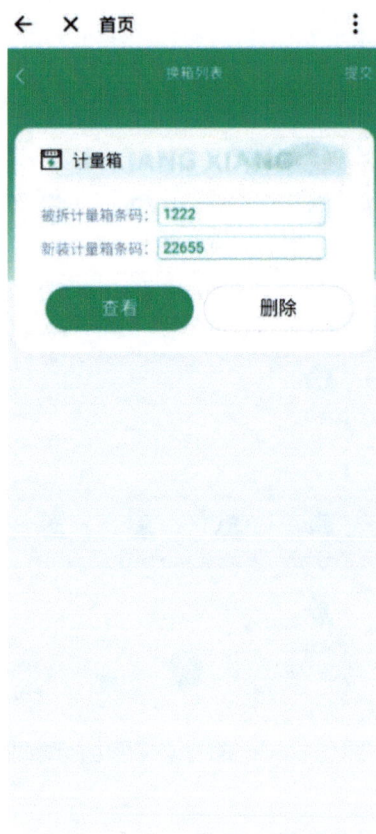

图 5-15 "换箱列表"截图

2. 一键换表

（1）单只换表。

1）点击"一键换表"功能，进入"一键换表"页面。业务类型有周期检定轮换、计量装置改造及计量装置故障三类流程可选，选择后点击"确认"，如图 5-16 所示。

2）选择"计量装置故障"业务，点击扫描按钮，可扫描被拆电能表条形码，自动识别录入，也可手动输入。点击"查询"，即可查询出被拆电能表的基础信息。需要输入改造原因、改造措施、计划来源、拆回原因等信息。根据现场情况输入被拆电能表示数，作为止码示数，点击"日冻结表码"获取日冻结示数，两者对比，选择"示数是否正常"，如图 5-17 所示。

图 5-16 "一键换表"截图

图 5-17 "一键换表"信息录入截图

3）点击扫描按钮，可扫描新装电能表条形码，自动识别录入，也可手动输入。输入新装电能表示数。点击"保存"按钮，可以对录入信息进行暂存，如图 5-18 所示。

4）点击"提交"，返回工单上传成功信息，点击"确定"，如图 5-19 所示。

5）进入"终端调试"页面，点击"立即调试"，发送终端调试申请，如图 5-20 所示。

6）点击"获取调试结果"，获取用电采集系统返回至营销系统的调试结果。调试成功后，点击"发送工单"，工单发送至营销系统拆回设备入库环节，如图 5-21 所示。

图 5-18 "一键换表"新表信息
录入截图

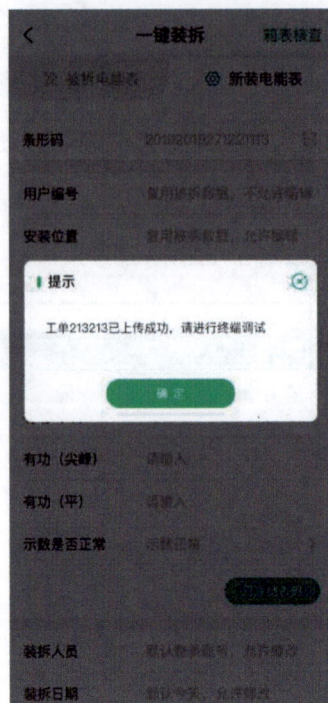

图 5-19 工单上传截图

图 5-20 终端调试截图

图 5-21 终端调试结果截图

（2）批量换表。

1）点击"一键换表"功能，进入"一键换表"页面。业务类型有周期检定轮换、计量装置改造及计量装置故障三类流程可选，选择后点击"确认"（批量换表仅支持计量装置改造及周期检定轮换）。

2）选择"计量装置故障"业务，点击扫描按钮，可扫描被拆电能表条形码，自动识别录入，也可手动输入。点击"查询"，即可查询出被拆电能表的基础信息。需要输入改造原因、改造措施、计划来源、拆回原因等信息。根据现场情况输入被拆电能表示数，作为止码示数，点击"日冻结表码"，获取日冻结示数，两者对比，选择"示数是否正常"。

3）点击"新装电能表"，可扫描新装电能表条形码，自动识别录入，也可手动输入。输入新装电能表示数。点击"保存"按钮，可以对录入信息进行暂存。

4）点击"保存"，将录入的电能表信息保存至"换表列表"中，点击"新增"，继续录入换表信息。可将被拆、新装信息全部录入完成后保存；也可批量录入被拆电能表信息，保存至"换表列表"中，在列表中点击查看，依次维护新装信息后进行批量上传（每上传一次仅生成一条工单）。右上角"换表列表"中可进行查看、修改、删除及批量上传操作。批量上传如图 5-22 所示。

5）点击"提交"，返回工单上传成功信息，点击"确定"。

图 5-22　批量上传操作截图

6）进入"终端调试"页面，点击"立即调试"，发送终端调试申请。点击采集点，展开调试详情页面，点击"获取调试结果"按钮，获取用电采集系统返回至营销系统的调试结果，并进行展示。调试成功后，点击"发送工单"，工单发送至营销系统拆回设备入库环节，如图 5-23 所示。

3. 完成记录查询

根据供电单位、工单状态等查询条件，查询通过"一键装拆"发起的换表记录，如图 5-24 所示。

（a）   （b）

图 5-23　终端调试截图
（a）终端调试页面；（b）调试详情页面

图 5-24　换表记录查询截图

5.3 一键调试

5.3.1　应用背景

计量装置更换业务中，需通过计量装置调试工作校验采集数据。当前供电所移动作业终端配置率低、功能不完善，外勤人员需要与内勤人员配合，完成计量装置调试工作，无法现场开展调试。前期工作中容易出现外勤人员无法实时获取采集失败、定位错接线等异常信息或需多次往返现场等问题。同时，部分任务缺乏校验提醒，批量业务易因遗漏造成采集数据不完整。

5.3.2　应用目标

在手机端使用"i 国网"App，实现调试任务自动下发、用电信息采集系统远程召测、现场组网调试，提高设备调试效率，减少外勤人员往返现场次数，确保现场工作一次办结，提高工作效率和客户满意度。

5.3.3　应用内容

外勤人员因低压新装、轮换、表计故障处理等业务更换计量装置后，对计量装置进行采集调试时，可通过手机端 App "一键调试"功能，现场直接发起远程调试流程，与营销业务系统、用电信息采集系统进行数据交互，完成采集任务自动下发，异常数据及时推送生成相应工单。

1. 调试任务下发

针对低压新装、轮换业务等业务场景，内勤人员完成采集对象制定后，通过检索表计、终端档案，辅助推荐采集任务及参数模板，由外勤人员选择或按需修改，应用"营销现场作业"App 现场勘察微应用、采集终端现场调试微应用，在现场勘察、终端配置环节根据客户类型、业务需求，由客户确定采集任务，包括是否市场化交易、光伏、普通居民客户/非居民客户、峰谷电价等信息。在安装信息录入环节自动向采集系统发送指令，采集系统根据指令开展召测、透抄。

2. 指令下发召测

采集系统实时接收"营销现场作业"App "一键装拆"微应用发送的调试指令，生成参数、任务，并自动下发，同步开展终端状态召测，透抄电能表电压、电流、示数。对于终端不在线、采集异常、反向表码等异常，实时生成消息，由采集闭环运维系统生成工单，包括户号、资产号、箱表关系、地理坐标、异常描述、异常位置等数据，下发至"营销现场作业"App（外勤人员个人手机和背夹）。对异常工单执行闭环管控，外勤人员可对异常进行召测，如召测成功，工单自动办结，未成功继续召测，支持客户自主工单归档。

3. 现场调试组网

外勤人员可通过手机背夹以扫码、RFID 识别等方式完成资产绑定。在现场安装并通电后，外勤人员可以通过背夹红外接口扫描台区下的关口表、电能表（同步采录箱表关系、地理坐标），建立本地通信，发起预调试工单，形成采集本地群组。所有设备完成后，对群组开展本地调试，通过集中器就地开展参数下发、透抄、电能表召测、实时召测等操作，并将调试结果返回至外勤人员手机，精准定位异常，支撑现场人员及时消缺，调试完成后，将预调试工单回传至手机端，业扩装表人员在现场勘察环节直接调用。

5.3.4 应用技术

1. 业务系统数据贯通方式

（1）信息推送。通过接口或数据方式集成营销业务、用电信息采集、采集闭环运维、工单池及移动应用等系统数据，实现关联工单、客户档案、表计示数、资产信息跨系统推送。

（2）信息获取。在手机端 App 内嵌 OCR 识别、语音识别、电子签名等功能应用，对设备图像、经纬度信息、设备关联关系等数据进行采录，获取采录客户档案信息及计量资产信息。

（3）数据交互。拓展手机端与采集系统数据交互项，开发远程调试功能和召测接口，在安装信息录入环节自动向采集系统发送指令，实现采集任务下发自动化，完成采集异常一次消缺。

（4）系统贯通。贯通采集闭环运维系统与采集系统，对异常调试进行工单化改造，设备采集异常信息实时回传至采集闭环运维系统，自动生成异常工单。

2. 现场组网调试

（1）自动识别。利用手机背夹红外通信功能，有条件的要争取建立以台区关口为中心的采集群组，建立与台区关口表、集中器的本地通信连接，自动识别表计自带的 RFID 电子码，采录相关信息。

（2）现场调试。增加本地调试功能，手机端本地自动下发调试指令，利用红外或蓝牙通信获取采集失败或异常的信息，支撑现场消缺。

外勤人员对具备台区自组网条件计量装置的地区，以现场组网方式，开展计量装置调试工作，可通过手机端 App 实现与背夹互通，背夹以扫码、RFID 识别等方式完成资产绑定，写入关口表终端，在不依赖用电信息采集系统的前提下，开展现场计量装置调试。

（3）调试反馈。现场安装通电后，外勤人员可以通过背夹红外接口扫描台区下的关口表终端、电能表（同步采录箱表关系、地理坐标），建立本地通信，发起预调试工单，形成采集本地群组。

所有设备完成后，对群组开展本地调试，通过关口表终端就地下发参数、透抄、电能表召测、实时召测等操作，并将调试结果返回至手机端 App，精准定位异常，支撑现场人员及时消缺，调试完成后，将预调试工单回传至手机端 App，供业扩装表人员在现场勘察环节直接调用。

5.3.5　应用案例

（1）下载安装信息录入环节的工单，选择任务打开，如图 5-25 所示。

（2）首先完成安全提示确认，如图 5-26 所示。

（3）点击"下一步"，进行待拆设备确认，扫描或录入待拆设备条形码，点击"抄表"按钮，录入待拆电能表的抄表示数，如图 5-27 所示。

（4）点击"下一步"，进行待装设备确认，扫描或录入待装设备条形码，录入待装电能表的抄表示数，如图 5-28 所示。

（5）点击"下一步"，录入采集终端的装拆信息，绑定 SIM 卡，如图 5-29 所示。

（6）录入采集终端参数，获取调试通知，完成终端调试操作，如图 5-30 所示。

图 5-25　拆装任务信息截图

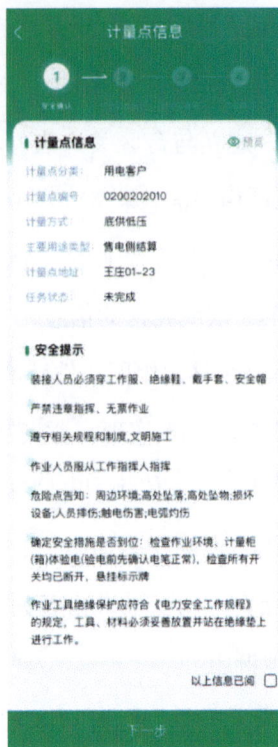

图 5-26　安全提示截图

图 5-27　待拆电能表录入截图

图 5-28　待装电能表录入截图

图 5-29　采集终端装拆截图

图 5-30　终端调试操作截图

5.4　一键关联

5.4.1　应用背景

外勤人员现场对电能表加装"高效液相色谱法"（high performance liquid chromatography, HPLC）模块，并记录相关信息，需要返回供电所后再进行主附设备的绑定，将关联关系上传至业务系统。

5.4.2　应用目标

使用营销移动终端，现场一次性完成 HPLC 通信模块与电能表的关联后，营销系统数据自动完成更新。

现场完成计量装置参数校核、通信信道测试、调试等工作，系统间实现流程贯通，满足设备即装、即采、即控要求。

5.4.3 应用内容

开发"主附设备运行管理"功能，实现 HPLC 通信模块与电能表的绑定或解绑，并将关联关系同步至营销系统。

5.4.4 应用功能

在营销移动作业终端"主附设备运行管理"模块，外勤人员可以绑定主设备（电能表）与附属设备（HPLC 通信模块），通过现场扫码，快速将模块与电能表进行关联，省略了人工记录，提高了设备管理效率。

5.4.5 应用案例

（1）登录手机"i 国网"App，进入"e 所通"应用页面，如图 5-31 所示。

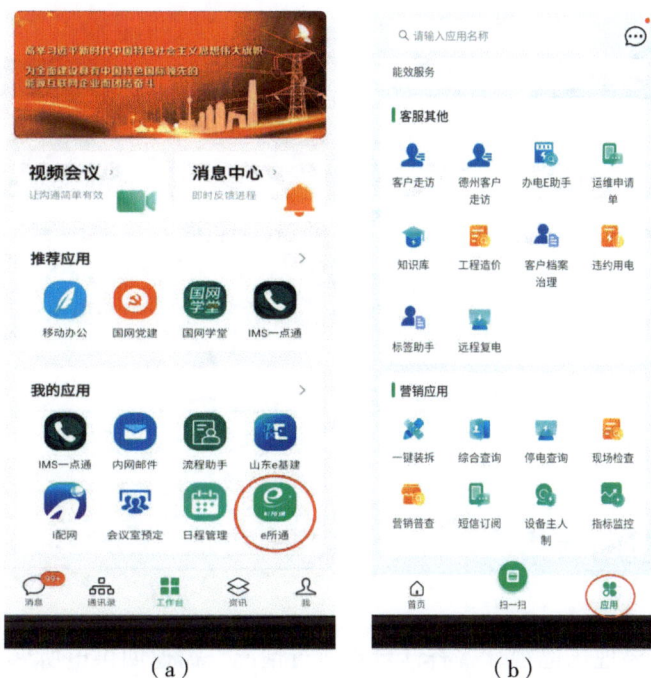

图 5-31 "i 国网"App 应用功能入口截图
（a）"工作台"界面；（b）"应用"界面

（2）选择"营销应用"分类应用，进入"作业人员"页面，如图 5-32 所示。

（3）点击"主附设备运行管理"，使用扫一扫功能，扫描现场电能表资产编号，如图 5-33 所示。

（4）完成资产编号录入后，点击"查询"，进入"设备信息"页面，使用扫一扫功能完成计量通信模块录入，点击"安装"，完成电能表与通信模块的关联，如图 5-34 所示。

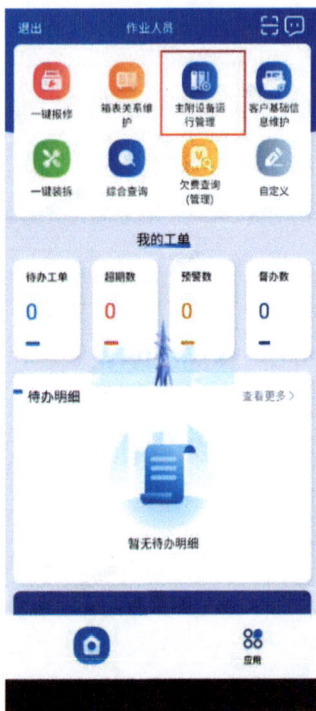

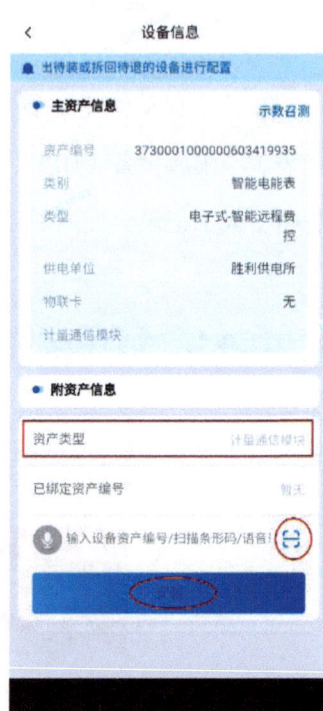

图 5-32 "作业人员"页面截图　图 5-33 "主附设备运行管理"　图 5-34 "设备信息"关联
页面截图　　　　　页面截图

5.5 一键采录

5.5.1 应用背景

外勤人员需要现场巡视、普查计量箱运行情况，需返回供电所后，再根据箱表关系更新箱内电能表信息。

5.5.2　应用目标

现场完成表计信息采集、地理信息录入、箱表关系绑定、佐证材料拍照上传，计量设备装拆一次完成，无须线下补录数据。

5.5.3　应用内容

开发箱表关系维护功能，通过扫码核查的方式，实现了计量箱与箱内电能表对应关系的维护，并将箱表关系同步营销系统。

5.5.4　应用功能

在营销移动作业"箱表关系维护"模块，外勤人员可以通过扫描条形码或输入计量箱资产号、电能表资产号、用户编号的方式查询计量箱信息，并对计量箱内的电能表逐个进行扫码核查，系统自动覆盖原表位信息，并完成迁入、迁出操作，提高箱表关系数据准确率。

5.5.5　应用案例

（1）登录手机"i 国网"App，进入"e 所通"应用页面。

（2）选择"营销应用"分类应用，进入"作业人员"页面，如图 5-35 所示。

（3）点击"箱表关系维护"，使用扫一扫功能，扫描现场计量箱资产编号，如图 5-36 所示。

（4）完成计量箱资产编号录入后，点击"查询"，进入"台区计量箱信息"页面，如图 5-37 所示。

（5）点击电能表安装表位，自动弹出"扫一扫"功能页面，扫描现场电能表资产编号条形码后，完成计量箱与电能表的关系采集，如图 5-38 所示。

图 5-35 "作业人员"
页面截图

图 5-36 "箱表关系维护"
页面截图

图 5-37 "台区计量箱信息"
截图

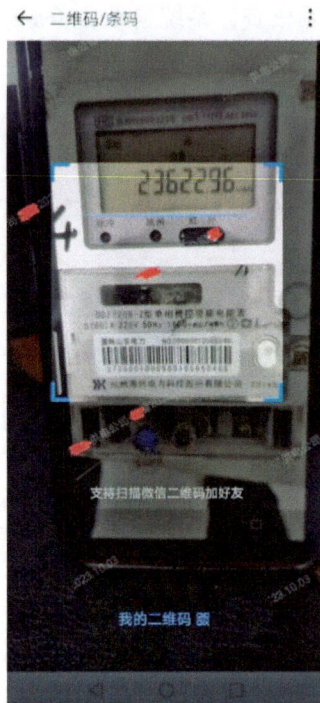

图 5-38 扫描现场电能表
条形码截图

5.6 ————————————————————————————— 一键过户

5.6.1　应用背景

内外部各渠道贯通不足，影响过户效率，导致客户档案差错，影响客户精准服务水平。一是服务渠道贯通不足，客户多渠道提交的申请信息无法共享，需重复提交，且办电流程中结余电费清算、退费流程烦琐，结算过程冗长，客户体验不佳。二是用电过户时，客户需要携带身份证、房产证等证件，存在两头跑、重复提交申请资料等情况，手续繁杂、便捷性差。三是与政务平台房产信息未能实现完全互通，现有房产过户与用电过户为两个独立流程，部分客户在房产过户后未及时办理用电过户，导致户名、账务联系人电话等客户服务信息出现差错，停电、催费等信息无法直达到人。

5.6.2　应用目标

在手机端开展一键过户，实现勘察收资、档案变更、批量过户一次完成，减环节、减材料、减时长，有效提高营销客户档案准确性，提升客户感知，进一步优化电力营商环境。

5.6.3　应用内容

1. 过户受理

客户通过"网上国网"或政务平台发起过户流程，营销系统接收过户工单后，根据工单中包含的联系方式、用电地址等信息，自动检索匹配供电单位，并派发至供电所内勤人员进行预受理，由内勤人员审核后形成正式工单，分配至外勤人员进行处理。

2. 现场收资

外勤人员通过手机端接收正式工单后，到达现场进行工单处理，扫描电能表核实现场情况（查询旧客户信息），并录入新用电信息，现场或通过政务平台完成收资，包括身份证正反面、不动产证照片等，简化办电资料，支撑精准营销和优质服务。

3. 过户办理

内勤人员根据过户工单与客户核实相关信息的准确性，及时审核通过后，将结果推送至外勤人员。外勤人员现场引导客户在"网上国网"过户流程中通过拍照方式上传经核实确认的电能表信息，并同步至营销系统。内勤人员核实接收的过户数据，对于提交资料完整无误的，显示资料信息提交成功，自动生成临时抄表工单并清算余额，解除原户主供电合同及线上渠道账号关系绑定，引导新客户在"网上国网"签订供电合同，完成户主认证；对于资料收集缺失或有误的，显示资料提交不成功，并在资料收集页面提示需补充完善的资料。资料归档后生成供电合同，自动推送至客户个人手机，客户现场确认无误后通过电子签名完成合同签订，签订好的合同自动生成为 PDF 格式，回传至营销系统。

4. 批量办理

针对小区客户，通过企业微信定向发送填报资料至小区物业群，通过"网上国网"电费红包引导客户扫码，自主填报相应信息，营销系统按日接收客户填报信息，推送至外勤人员核实，对于核实通过的客户申请，生成现场表计确认和过户信息，向客户发送短信链接，客户通过链接一键登录"网上国网"过户流程界面（未注册客户无感开通注册及户号绑定），引导客户完成合同签订，合同签订完成后自动完成过户及户主认证。

5.6.4 应用技术

1. 内外部系统贯通

贯通政务服务平台与营销系统数据链路，利用公安库信息完成人脸验证，调取居民客户产权证明、非居民客户工商信息等政务数据。贯通营销系统与"网上国网"渠道，优化"网上国网"过户发起流程，建立信息自动回填机制，支持自动触发营销系统过户工单，客户过户流程自动推送至手机端。贯通房产交易部门数据，自动识别新交付取证的小区客户，并触发过户流程，完成批量过户。

2. 信息录入验证方式

通过 OCR 识别技术自动识别图片信息，实现不动产信息、身份信息等自动识别录入，调取公安平台客户档案数据，进行信息验证，完成现场智能收资。接入电信等第三方数据，支撑客户信息比对验真，后台自动核查新录入联系方式的真实性、有效性。

5.6.5　应用案例

（1）通过手机端"网上国网"App，使用"更名／过户"功能进行业务办理，如图5–39所示。

（2）选择"过户"，点击"开始办理"按钮，如图5–40所示。

图 5-39　"网上国网"过户功能
入口截图

图 5-40　过户业务办理截图

（3）选择已绑定的户号，完善"是否电价变更""是否增加容量""是否过户退费"等业务需求信息，如图5–41所示。

（4）点击"低压过户业务办理须知"，进行阅读和确认，如图5–42所示。

（5）点击"下一步"，授权从政府数据平台网调取的证照信息，如图5–43所示。

（6）刷脸验证进行房产数据获取，如图5–44所示。

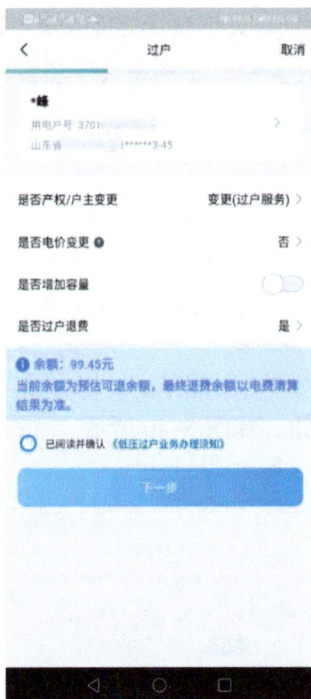

图 5-41　过户业务需求截图　　　图 5-42　过户用电业务办理
须知截图

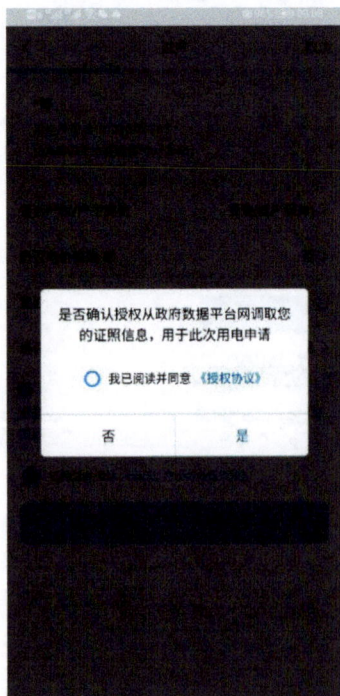

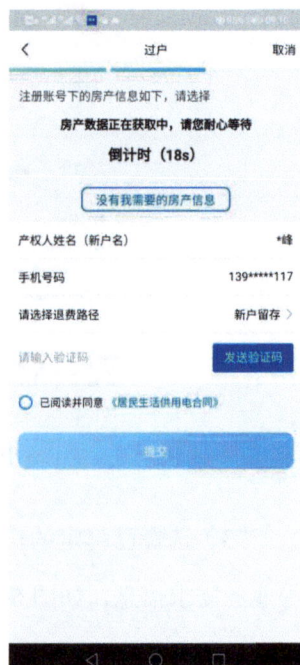

（a）　　　　　　　　　　　（b）

图 5-43　授权调取证照信息截图　　图 5-44　房产数据获取截图
（a）人脸识别页面；（b）房产数据页面

（7）房产数据获取成功后，完成"居民生活供用电合同"签订，如图 5-45 所示。

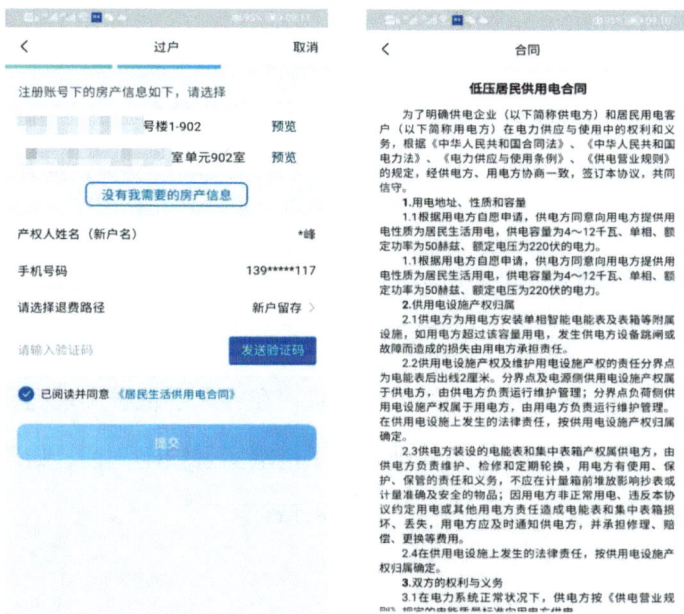

（a）　　　　　　　　　　　　　　（b）

图 5-45　低压居民供用电合同签订截图

（a）房产信息界面；（b）供用电合同

（8）完成手机号码验证后，点击"提交"，完成过户业务办理。

5.7　一键扫码

5.7.1　应用背景

当前现场服务终端和手机端的电力业务办理环节存在多级跳转、流程烦琐等问题，客户需要通过大量复杂操作才能找到所需功能，对于年龄较大、文化水平较低的客户，使用负担较重，容易造成办电效率低、客户体验差等不良感受。

（1）无人化服务场所存在大量充电站（桩）、临时用电点、"网上国网"云终端等设备，部分交互业务存在入口不统一或界面不易查找现象，给客户造成困扰。

（2）大量业务咨询存在重复性，智能服务功能未能覆盖全部用电客户，通过话务咨询解决，对公司对外服务的及时性、高效性存在挑战。

（3）公司对外服务的核心仍为缴费业务，"网上国网"App解决了"最后一公里"问题，但部分客户仍存在无法查询户号、电费等的服务困境。

亟须针对获得电力、缴费、排队、诉求响应、多媒体信息传递等高频业务生成客户服务二维码，通过简单的"扫一扫"功能，快速获取所需服务，提升客户体验。

5.7.2　应用目标

通过打造规范二维码标准及一键扫码场景，在客户手机端实现扫码用电、扫码缴费、扫码排队、扫码业务办理，在外勤人员手机端实现扫码认证、扫码收费、扫码代办业务，提升客户服务水平，降低基层业务办理难度。

5.7.3　应用内容

统一规范二维码生成规则，按照业务场景划分二维码类型，基于各项客户档案数据、身份数据、业务数据，打造客户二维码专属生成器，采取多层多手段安全加密机制、专属数据传输通道等安全保障机制，实现客户二维码实时自动生成，保障客户信息安全。通过便携式激光打码设备，生成外勤人员服务二维码，高效、便捷地固化至表箱、小区宣传栏等场所。通过扫码，完成数据解析，以"网上国网"为主入口，将共享用电、预约信息、业务办理信息、缴费信息等数据分类传输至相应业务系统/业务中台处理，提升业务办理效率。搭建多应用场景、多结算模式的"网上国网""共享用电"管控平台，为客户提供"电源即扫即用、电量精准计量、电费据实结算、余额现时清退"的"扫码用电"服务。打造在线预约、扫码取号等营业厅排队、叫号业务手机端流转。

1. 扫码用电

通过"网上国网"App提供客户侧位置查询、扫码、支付、用电、结算等功能，为客户提供扫码用电可视化查询、注册扫码、用电支付、启动用电、用电监控、结束用电、用电记录查询、在途工单列表查询。根据业务要求，选择外勤人员侧移动作业平台（"网上国网"App-"现场帮"和"i国网"App等），实现设备出库申请、设备出库审核、应用检测、设备入库申请。通过"营销 2.0"扫码用电管理模块，实现扫码用电基本业务，实现扫码用电点管理、运营监控、报表统计、综合查询、参数配置、租赁协议管理等。

2. 扫码预约

搭建营业厅业务预约的逻辑处理平台，向客户提供营业厅业务量情况，并将排队情况等数据传递至"网上国网"客户侧，支撑客户业务预约、排队取号、预约时间、生成预约二维码等功能。对营业厅设备进行升级改造，增加二维码扫描、客户信息传递至柜台等功能，支撑客户扫码取号、业务办理自动传输，实现客户一键取号、一证办电、刷脸办电等；若营业厅设备不具备改造或者升级条件，可纳入营业厅管理系统，完成与"网上国网"客户侧交互，线上实现排号叫号、业务信息同步。

3. 扫码认证

在"网上国网"App 客户侧，户号管理页针对每个用电户号生成客户侧身份二维码，主要封装信息为客户户号、当前"网上国网"账号，用于客户信息识别与认证。基于"网上国网"App –"现场帮"和"i 国网"App 等增加扫码识别和认证功能，外勤人员扫描客户二维码可获取用电户号、"网上国网"账号，进而查询客户档案、设备档案、计量档案信息、客户缴费欠费信息、电量电费信息、预收余额信息等。了解客户历史用电情况，便于精准开展客户画像，辅助居民普查、养老监测等社会服务工作；获取客户业务办理相关信息，实现高频业务一键受理，缩短业务办理时长，同时通过扫码进行新业务推广、增值服务推介等。

4. 码上用电管家

基于"网上国网"在线客服及智能服务能力，依托专属外勤人员场景，借助"网上国网"宣传矩阵，打造码上用电管家。客户通过"网上国网"App 或"网上国网"微信小程序扫描外勤人员二维码，即可匹配专属外勤人员，实现线上交流、业务代办等功能，通过智能服务直接解决 80% 简单诉求，另外 20% 特殊、复杂诉求由专属外勤人员人工响应。同时，在微信公众号、微博、抖音等投放用电管家公共二维码，客户扫码后输入户号，完成专属外勤人员匹配。

5. 扫码缴费

外勤人员通过"网上国网"App –"现场帮"和"i 国网"App 等扫码查询客户信息后，对客户电量电费信息进行核实确认，通过扫描客户微信付款码 / 支付宝付款码，完成电费收取。增加收费记录查询，外勤人员可查询收款金额、收费时间、收费客户等信息。

6. 临柜服务码墙

针对营业厅中办电、缴费、充电桩办理、电价查询等高频业务，建设"网上国网"相关产品及场景二维码生成分享功能，进入场景后可查看该产品的专属二维码，可一键分享至微信聊天、微信朋友圈、微博等线上途径，同时可将二维码下载至本地保存，以便线下打印张贴。外勤人员可通过外勤人员微服务将码墙以图片形式，推送至客户或小区宣传栏，实现客户业务"码上办"。

5.7.4 应用技术

1. 二维码统一管理

规范二维码管理，开展二维码统一域名建设，生成统一化、简约化、专属化二维码，其中涉及的客户敏感信息，必须采用密文。微信、支付宝等外部应用扫码后，均为下载"网上国网"App；内部系统、设备扫码后，触发相应业务场景。

（1）二维码分类：按照业务用途将"网上国网"二维码分为场景类、用电户类、账户类、混合类，为每类二维码提供统一域名标准。

（2）在客户手机端实现扫码用电、扫码缴费、扫码排队、扫码业务办理。

（3）在外勤人员手机端实现扫码认证、扫码收费、扫码代办业务，提升客户服务水平，降低基层业务办理难度。

2. 现有场景改造

对"我要分享""e值惠"、零证办电、电子发票打印、在线预约等现有客户侧二维码进行统一域名改造，客户使用相应"扫一扫"应用扫码后，完成场景触发；对于外部"扫一扫"或无法识别场景标识或者识别失败情况，则跳转"网上国网"下载页面。对于转供电费码、关爱码、疫情居家码、用电健康码等无须进行安全加密改造与统一域名改造，其他"网上国网"App客户扫码可直接跳转至该场景。其他外部应用，扫码后跳转至"网上国网"下载页面。

（1）推广功能迁移。外勤人员侧将推广专区整体迁移进入"现场帮"频道，实现内部员工应用统一入口。"推广专区"→"个人名片"，融合作为外勤人员侧身份二维码，供客户扫描。外部应用扫码为"网上国网"下载页面，本机已安装"网上国网"App，则引导跳转打开"网上国网"App，并进入"码上用电管家"（专属外勤人员）页面；"网上国网"App 客户使用"扫一扫"扫码后，直接进入"码上用电管家"（专属外勤人员）页面。其他外勤人员侧应用［"i 国网"App、掌上电脑（PDA）、柜台 PC］生成的外勤人员相关二维码，须完成统一域名改造。

（2）扫码统一入口。与共享用电、扫码浇地、电瓶车充电、找桩充电等外部客户侧二维码的相关服务商，以及涉及的省公司开展合作，整合接入"网上国网""扫一扫"功能。客户一键扫码进入对应场景，降低客户查找入口时限和下探深度，提升客户体验。

3. 扫码功能建设

围绕乡村振兴、客户服务等场景，基于"网上国网"，按需建设扫码用电、扫码预约、扫码认证、码上用电管家、扫码缴费、临柜服务码墙等场景。基于各项客户档案数据、身份数据、业务数据，打造客户二维码专属生成器，采取多层多手段安全加密机制、专属数据传输通道等安全保障机制，实现客户二维码实时自动生成，保障客户信息安全。通过便携式激光打码设备生成外勤人员服务二维码，高效、便捷地固化至表箱、小区宣传栏等场所。通过扫码，完成数据解析，以"网上国网"为主入口，将共享用电、预约信息、业务办理信息、缴费信息等数据分类传输至相应业务系统 / 业务中台处理，提升业务办理效率。

5.7.5 应用案例

1. 扫码匹配专属客户经理

（1）客户经理登录手机"i 国网"App，点击"我"标签，查找"我的二维码"，如图 5-46 所示。

（2）点击"我的二维码"，生成客户经理二维码名片，向客户进行展示，如图 5-47 所示。

（3）客户使用微信扫描客户经理二维码名片，进行好友添加，如图 5-48 所示。

（4）客户经理通过"i 国网"App 接收到客户的添加好友申请，并通过验证，如图 5-49 所示。

（5）添加好友成功后，客户可以通过微信直接与客户经理进行交流，客户经理可以使用"i 国网"App 为客户提供实时服务，如图 5-50、图 5-51 所示。

图 5-46 "i 国网" App 登录截图

图 5-47 "我的二维码"名片截图

（a）

（b）

图 5-48 客户申请添加好友界面截图
（a）个人名片界面；（b）申请好友界面

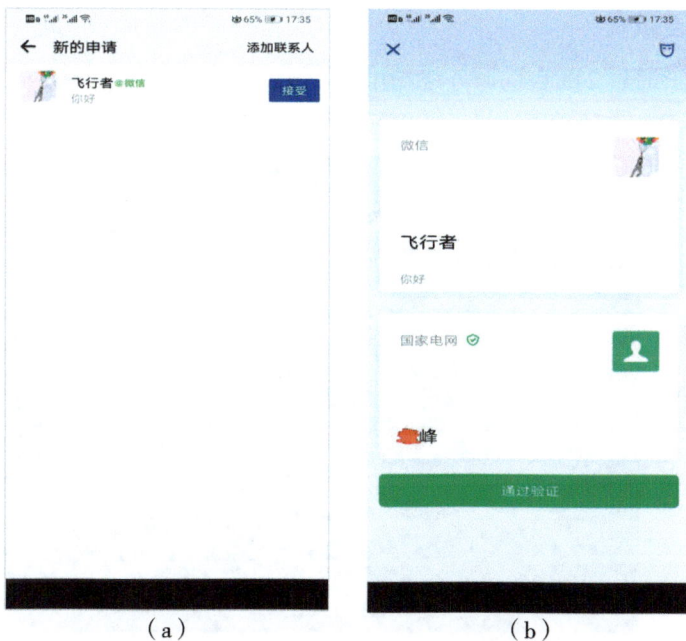

（a） （b）

图 5-49　通过客户好友验证截图
（a）好友申请页面；（b）通过验证页面

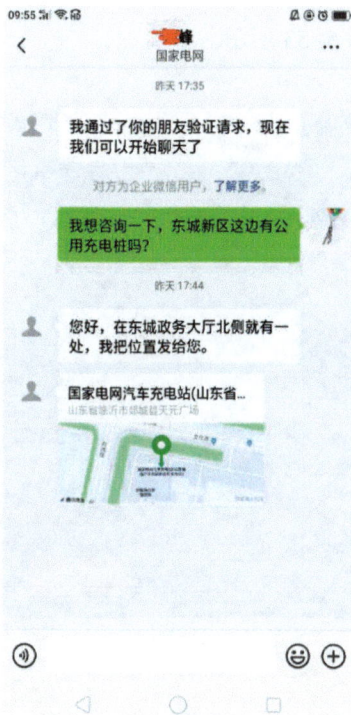

图 5-50　客户微信聊天界面截图

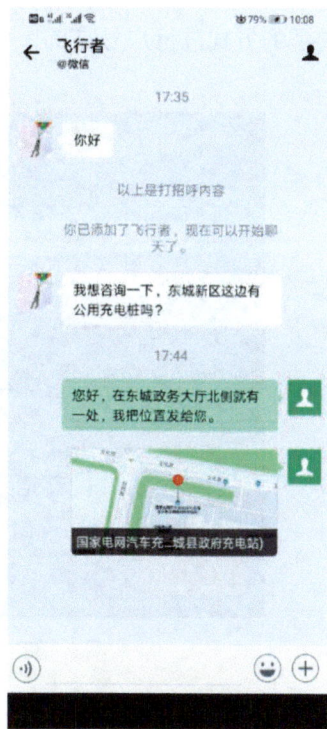

图 5-51　客户经理"i 国网"App
聊天界面截图

2. 扫码缴费

（1）客户通过 24h 自助服务终端可以进行扫码交电费，如图 5-52 所示。

图 5-52　电力自助服务终端主页截图

（2）点击充值缴费后，输入用户编号进行查询，同时，也可以通过身份证、手机号、刷脸验证的方式进行户号查询，如图 5-53 所示。

图 5-53　输入用户编号操作截图

（3）点击"确定"后，进入电费查询界面，如图 5-54 所示。

图 5-54　用户电费情况查询界面截图

（4）点击"扫码支付"后，进入选择支付方式的界面，用户可以根据自身情况选择"电 e 宝"、支付宝、微信等方式进行扫码支付，如图 5-55 所示。

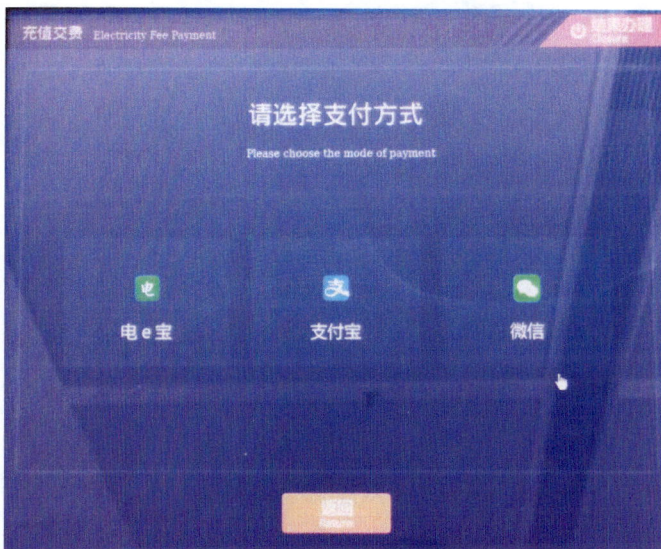

图 5-55　选择支付方式界面截图

（5）点击"微信"后，生成微信支付二维码，如图 5-56 所示。

图 5-56 微信支付方式界面截图

（6）用户使用手机微信扫描二维码后，完成电费支付，如图 5-57 所示。

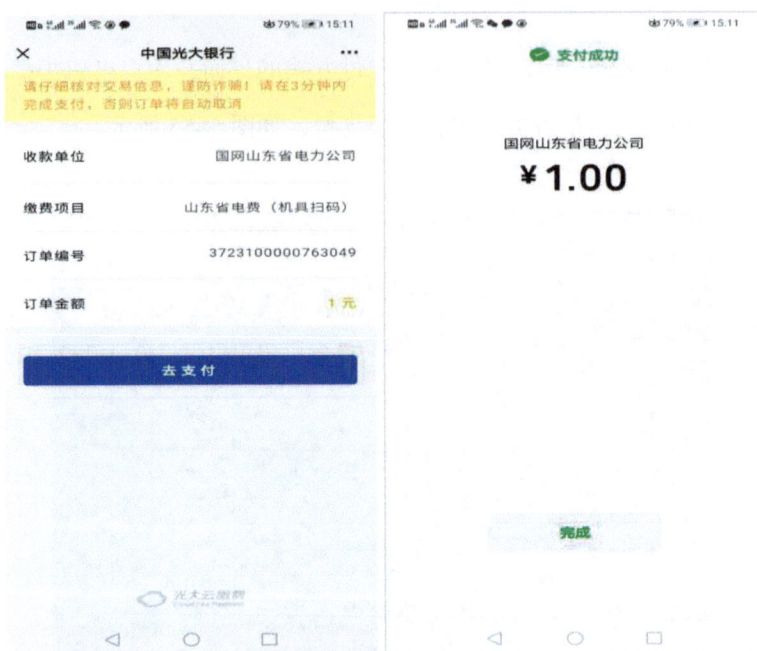

图 5-57 微信支付界面截图

3. 扫码认证

（1）客户通过"网上国网"App，可以对用电户号生成客户侧身份二维码，登录后选择"我的"页面，点击"户号管理"，如图 5-58 所示。

（2）客户在户号管理界面可以对已经绑定的用电户号生成二维码，如图 5-59 所示。

图 5-58　"网上国网""我的"页面截图

图 5-59　户号管理页面截图

（3）点击二维码图标可以呈现"我的二维码"，如图 5-60 所示。

（4）外勤工作人员可以通过"网上国网"App 的扫一扫功能，扫描客户二维码，如图 5-61 所示。

（5）外勤工作人员扫描客户二维码，进入客户电费信息页面，可以向客户提供缴费服务，如图 5-62 所示。

（6）点击"详情"，查看供电单位、用电户号、用电地址等信息，如图 5-63 所示。

4. "网上国网"二维码生成分享

（1）外勤人员登录"网上国网"App，选择"我的"页面，点击"分享"图标，如图 5-64 所示。

（2）进入"我的分享"页面，选择"我的二维码"，如图 5-65 所示。

（3）生成我的二维码，如图 5-66 所示。

（4）可以将二维码向微信好友、朋友圈、QQ 好友等渠道进行分享。

图 5-60　客户"我的二维码"
截图

图 5-61　"网上国网"App
扫一扫功能截图

图 5-62　客户侧二维码扫描截图

图 5-63　客户侧二维码扫描截图

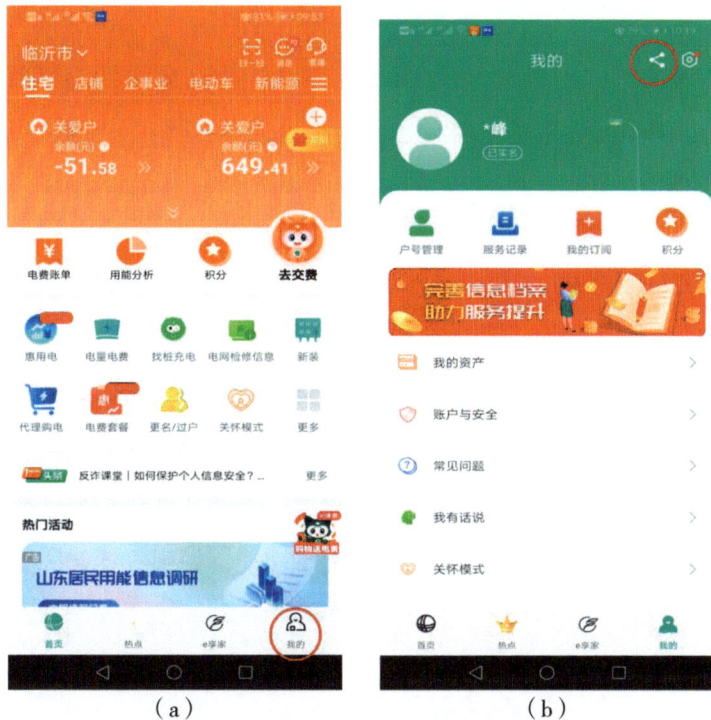

图 5-64 "网上国网"App 分享图标截图
（a）"网上国网"App 首页；（b）"我的"界面

图 5-65 "我的分享"页面截图

图 5-66 二维码生成截图

5.8 ——————————————————————————————— 一键预警

5.8.1 应用背景

供电所客户服务工作小、多、散，现场服务时难以及时掌握客户诉求及台区状态变化，服务状态通常为事后核查，无法做到事前提醒，减少服务风险；员工的综合素质参差不齐，一旦发生投诉，只能开展事后处置，不能准确获知客户潜在需求，各类现场业务难以提前部署。亟须通过增加预警提醒功能，做到服务人员提前告知、提前响应，减少客户投诉。

5.8.2 应用目标

实现客户诉求、客户用电、台区运营、员工调度、工单办理等各业务环节的风险智能研判、主动预警，提升业务响应能力。

（1）客户需求及时洞察，存在风险提前预警，提升客户体验。

（2）当台区发生群体性风险及话务异动风险时，外勤人员提前干预，避免服务风险升级。

（3）实现现场作业风险实时推送，提高管理人员现场管控能力，减少人为因素造成的客户投诉。

5.8.3 应用内容

1. 客户风险预警

构建可以通过户号、电话号码或身份证号等信息检索的客户精准画像，集中展示客户电费使用、服务敏感情况、业务以往需求等信息。外勤人员、综合柜员受理业务或电话催费时，实时查看敏感客户信息、异常客户状态等，根据需要及时调整服务策略，提供针对性服务。客户来电时，根据客户预留号码，系统自动将敏感客户、异常客户状态等推送至外勤人员手机端，便于外勤人员提供针对性服务。客户临厅时，针对特殊客户，实时提醒营业厅人员重点关注。

2. 台区风险预警

外勤人员及管理人员实时掌握所辖台区运营情况及客户动态，当台区设备发生异常时，通过手机端提醒外勤人员通知相关客户，从而形成对潜在投诉意见的事前预警。当台区发生群体性风险及话务异动风险时，发送通知至外勤人员手机端，便于外勤人员提前干预，避免服务风险升级。

3. 内部风险预警

基于员工画像，客观描述员工工作质效、承载力、预警工作状态，便于及时掌握员工工作动态。向管理人员或员工手机端发送预警提醒，对服务薄弱员工进行定向培训、任务调度或资源配置，减少人为因素造成的客户投诉；对承载力超过阈值的员工进行资源调整，避免因作业任务过于繁重造成现场作业风险。基于工单三级预警机制，提高工单完成时限达标率，避免因部分响应时限问题而造成的客户投诉。

4. 服务风险预警

现场作业人员利用"营销现场作业"App、佩戴供电服务记录仪、手机视频录音等，全程记录现场作业和服务情况，录像信息供供电服务稽查部门检查，避免吃拿卡要等违规违纪问题发生。

5. 安全风险预警

构建作业前风险语音提前播报、作业中风险实时提醒安全预警机制。作业前根据现场作业场景，自动进行风险点研判，并自动播报，持续强化提醒作业人员进行风险预防；作业中对现场作业风险实时监控提醒，辅助作业人员识别、防范现场作业风险。

5.8.4 应用技术

1. 数据汇集方式

贯通 95598 业务知识、供电服务指挥、安全生产风险管控、企业资源计划（ERP）等系统，汇聚客户信息（客户 95598 话务数据、历史业务办理情况、客户标签、停电信息、缴费信息、窃电客户、违约用电客户、重复来电客户等）、业务信息（所辖台区的停电信息、台区设备运行情况、客户构成情况、工单处理情况、指标情况、话务量、客户来电情绪状态、客户来电业务紧急度、时间段内的诉求量），以及员工基础信息、承载力信息、现场作业风险点、奖惩情况等，支撑风险预警模型构建。

2. 模型构建方式

从客户、台区、内部员工、服务风险、安全风险五个维度构建风险预警模型。在客户层面，基于客户行为数据和业务数据，开展多维度交叉分析，从客户用电行为、消费行为、客户评价等多方面构建风险预警模型，利用客户通话的实时数据，后台智能研判潜在服务风险。在台区层面，基于台区历史指标数据、异常工单数据，构建台区风险预警模型，监测重复诉求风险点。构建员工画像，全面监测员工的工单数据、工单质量、客户评价数据，并自动关联员工的培训情况和出勤信息，从工作技能、客户服务质量、工作纪律、承载力等方面，构建员工视角的风险预警模型，实现工单超期、预警、督办等情况智能研判。构建优质服务风险预控模型，实现对常见吃拿卡要违规违纪现象的预警和监督。基于现场作业类型、风险等级等因素，构建安全风险预警模型，开展作业前风险预判、作业中风险监控，并持续强化提醒。

3. 客户标签预警提醒

建设基于外勤人员手机端的客户标签应用，支持按照客户信息查询标签信息，并在工单页面自动带入风险预警提醒，支撑外勤人员优质服务。打造手机端台区风险画像查询功能，支撑按照区域、台区名称查询风险点信息（如报修、停电、客户投诉多发台区等），支撑预警群体风险事件。面向工单管控人员构建预警提醒功能，实现工单超期、预警、督办等情况自动提醒，提高工单预警监控能力。

5.8.5 应用案例

1. 数字化平台预警信息查询

（1）功能介绍。预警信息查询模块主要实现预警信息的查询查看功能，通过预警类型、预警状态、超期时间、预警说明等条件查询预警类型、预警对象编号、预警对象名称、预警说明、预警时间、超期时间、预警状态等信息。

（2）操作介绍。

1）查询功能：通过下拉选项选择查询条件，点击"查询"按钮，查询预警信息列表；点击"预警对象编号"，查询预警详情信息，如图 5-67 所示。

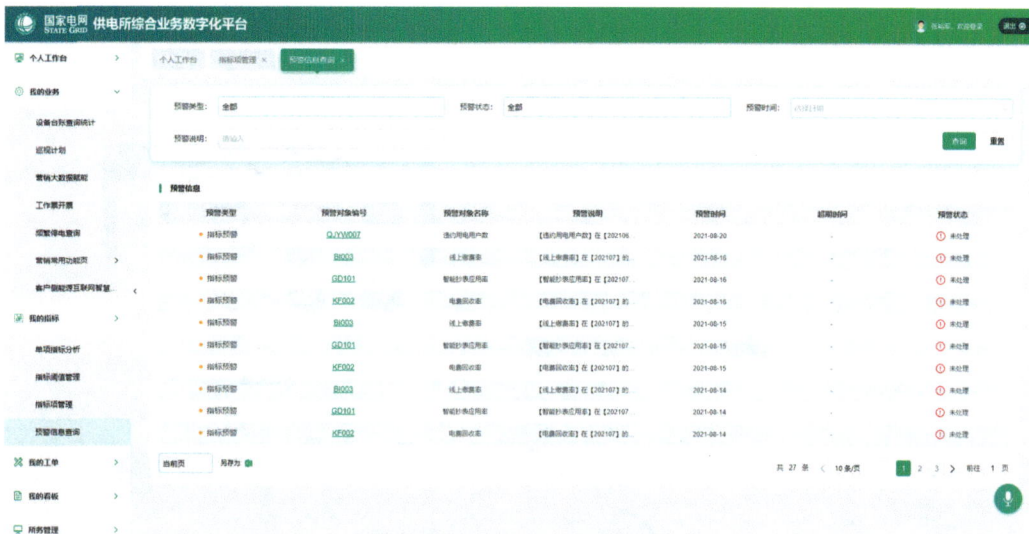

图 5-67　预警信息查询截图

2）预警信息详情功能：点击预警信息列表"预警对象编号"，系统自动跳转到预警信息详情页面，通过指标分析、异常明细和单位人员指标情况，分析展示预警详细信息，并支持指标查询和切换展示功能，如图 5-68 所示。

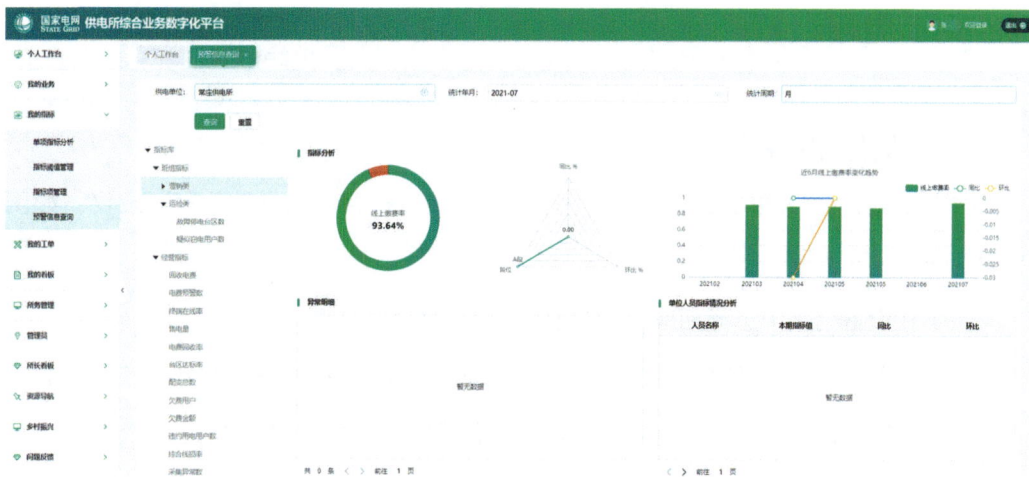

图 5-68　预警信息详情截图

2. 手机端 App 预警信息查询

（1）登录手机"i 国网"App，实时查看台区线损、供电质量、投诉管理等预警信息，如图 5-69 所示。

（2）进入"作业人员"页面，查询预警工单信息，如图 5-70 所示。

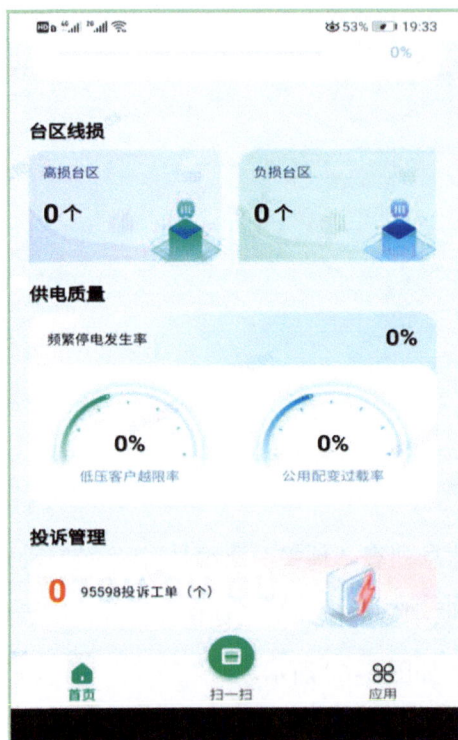

图 5-69 "i 国网"App 预警信息查询
截图

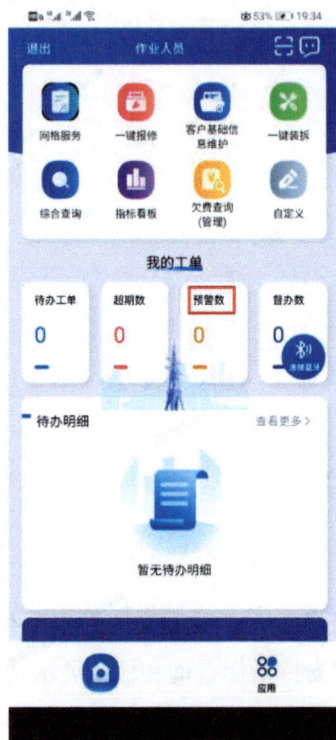

图 5-70 作业人员预警
工单查询截图

3. 现场作业远程监督预警

（1）创建所务工单的过程中，在任务派工环节挂接行为 4G 行为记录仪，如图 5-71 所示。

（2）在设备列表中选择相应的 4G 行为记录仪名称，如图 5-72 所示。

（3）在外勤人员处理工单的过程中，可以通过实时监控的查看按钮，实时查看工作人员现场服务情况，对违规情况及时进行远程预警和监督，如图 5-73 所示。

图 5-71　所务工单任务派工页面截图

图 5-72　添加行为记录仪页面截图

图 5-73　任务处理视频监控查看页面截图

5.9 ——————————————————————————————————— 一键领料

5.9.1　应用背景

外勤人员需要根据现场工作所需的物料种类和数量，返回供电所后，到仓库领取物料，签字登记。

5.9.2　应用目标

通过物联体系实现物资与工单信息同步匹配，利用智能货架、智能工器具柜等设施，实现人脸识别关联工单信息、智能货架扫码自动盘点库存、行为出库识别等，智能化统计物资领用、归还、移库、入库，全流程无纸化作业。

5.9.3　应用内容

建成融合"三室一库"的专业仓，包含备品备件物品，施工工器具物品、安全工器具物品，通过对库房加装智能工器具柜、智能货架、AI智慧监控等设施，运用 RFID 射频识别和边缘计算技术，实现人脸识别授权登录、自动提示引导、自动记录出入库、自动盘点、缺口统计预警、实时监控等功能，具备无感知出入库能力，提升供电所物料管理水平。

5.9.4　应用功能

在数字化供电所业务平台"工单池"模块关联工单中所需的物料后，外勤人员可以在专业仓门禁处进行刷脸自动开门，智能货架会自动提示工单中该物品的位置，并进行语音提示、闪烁物料前的指示灯，领料后智能货架和通道门会根据 RFID 标签盘存物品，形成出入库记录，通过物联管理中心上传到数字化业务平台，实现了无感知出入库、无纸化领料，节省了外勤人员领料时间。

1. 同一时间一个工单多人进仓的盘点过程

工作人员接单后刷脸进仓，专业仓根据工单所关联的物料进行提醒，工作人员也可以根据实际情况多拿或少拿。领料完成后，仓库关门自动盘点。专业仓将刷脸人员（工作负责人）标记为领料人，上传系统进行记录，与进仓人员数量无关；工单中派工的其他人员无法刷脸，但可以跟随工作负责人进仓，协助搬运物料。

2. 同一时间一人多个工单进仓的盘点过程

工单只是作为刷脸进仓的凭证。当一人多个工单进仓时，可以领取多个工单所需的物料。至于如何区分每个工单消耗的物料，则通过移动仓来实现。

3. 同一时间多人多个工单进仓的盘点过程

多人多个工单领料必须逐个进行，按顺序领取各自工单所需的物料。这需要供电所员工自觉遵守，否则将无法统计每个工单使用的物料。

5.9.5 应用案例

（1）创建所务工单，在"任务派工"环节中增加任务处理所需要的备品配件，如图 5-74 所示。

（2）任务工单派发至具体的外勤人员后，接单外勤人员即可前往备品备件室，通过智能柜对物品进行领用，智能货柜通过人脸识别自动登录接单外勤人员账号，如图 5-75 所示。

（3）接单外勤人员扫脸登录系统后，智能货柜语音提示接单外勤人员需要出库的物品所在的具体位置（第几层第几列），如图 5-76 所示。

（4）接单外勤人员根据语音提示领出物品，进行现场任务处理，如图 5-77 所示。

（5）工作任务处理完毕后，接单外勤人员通过人脸识别进入智能柜系统，语音自动提示将借出的物品归还至第几层第几列的位置，如图 5-78 所示。

（6）将物品放到指定位置后，系统将会提示已归还，并自动盘点库存，如图 5-79 所示。

图 5-74　任务派工中增加备品备件页面截图

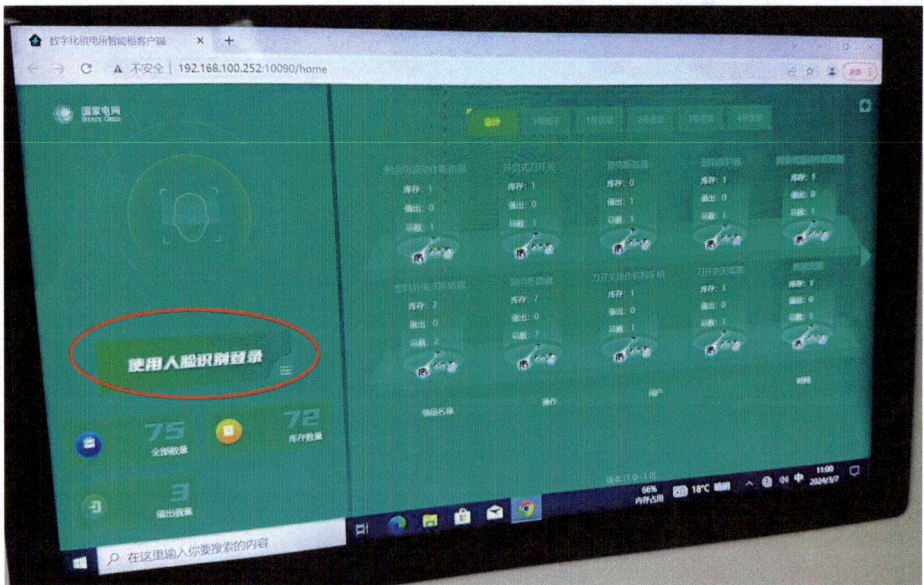

图 5-75　智能货柜登录界面截图

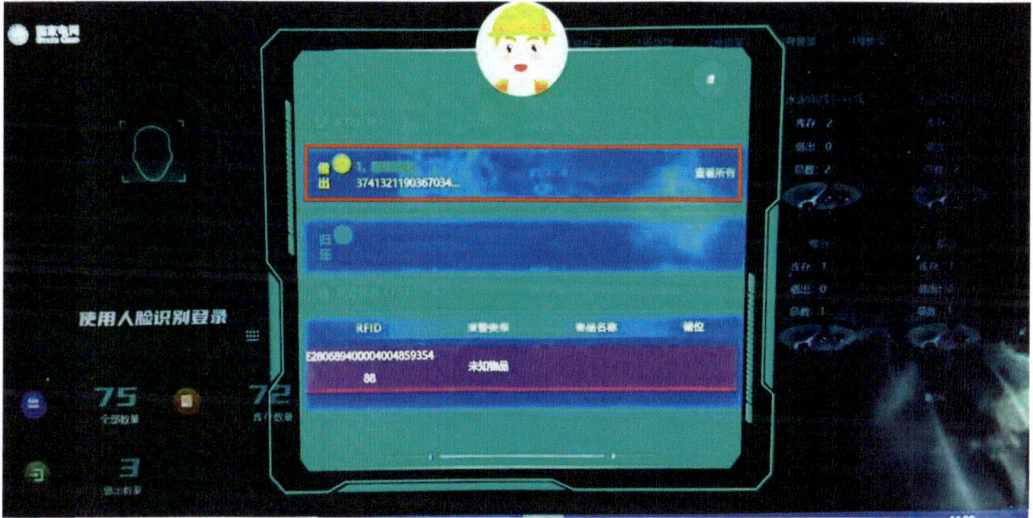

图 5-76　智能货柜系统待领物品提示界面截图

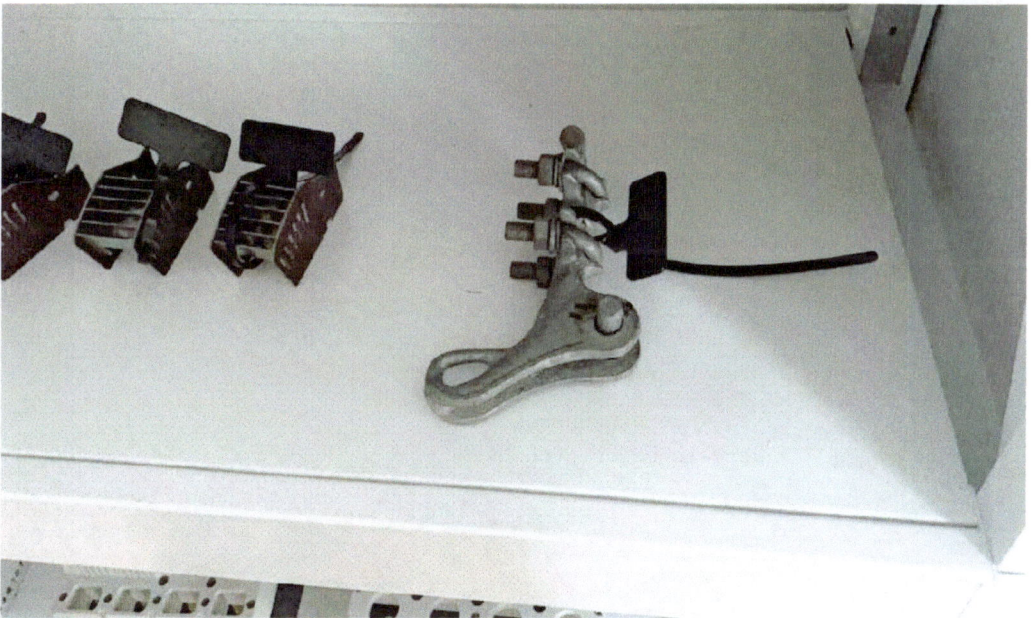

图 5-77　备品备件存放位置截图

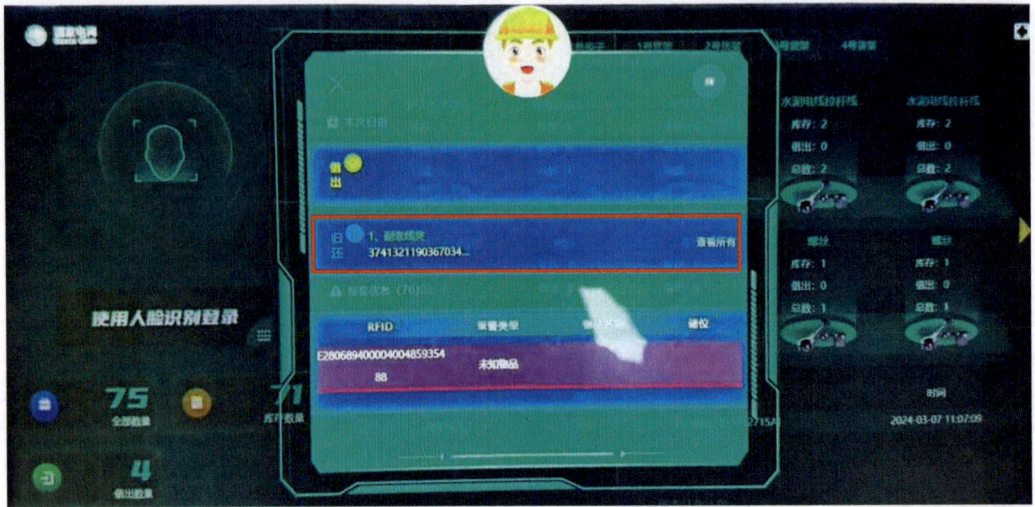

图 5-78　智能货柜系统物品入库提示界面截图

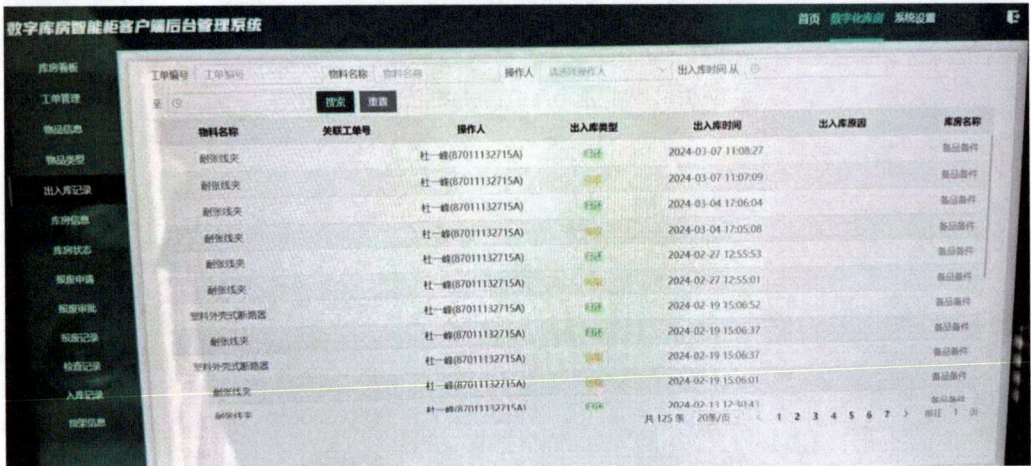

图 5-79　智能货柜系统出入库记录截图

参考文献

［1］王烨.电力营销服务及案例解析［M］.北京：中国电力出版社，2017.

［2］王森.突出"四个聚焦"助推数字化建设［J］.北京：农电管理，2022.

［3］李方军.以数字化与信息化手段支撑"全能型"供电所建设［J］.河南：农村电工，2021.

［4］孔清华.求索数字化转型　国网山东电力探索数字化供电所建设［J］.北京：中国电力企业管理，2021.

［5］关兆雄，宋才华.基于一体化平台的数字化供电所顶层业务架构设计［J］.自动化技术与应用，2021，40（12）：134-137.

［6］赵永良，牛垣纾，王显锋，等.供电所末端业务融合数字引擎研究及应用［J］.电信科学，2023，39（11）：164-173.DOI：10.11959/j.issn.1000-0801.2023241.